多维视角下
服装与服饰品创新设计研究

刘　璐◎著

中国出版集团　现代出版社

图书在版编目（CIP）数据

多维视角下服装与服饰品创新设计研究/刘璐著
. —北京：现代出版社，2023.9
ISBN 978-7-5231-0557-3

Ⅰ.①多… Ⅱ.①刘… Ⅲ.①服装—设计②服饰—设计 Ⅳ.①TS941.2

中国国家版本馆 CIP 数据核字（2023）第 175708 号

多维视角下服装与服饰品创新设计研究

著　　者：刘　璐
责任编辑：袁　涛
出版发行：现代出版社
地　　址：北京市安定门外安华里 504 号
邮政编码：100011
电　　话：010—64267325　010—64245264（兼传真）
网　　址：www.1980xd.com
印　　刷：三河市宏达印刷有限公司
开　　本：787mm×1092mm　1/16
印　　张：11.75
字　　数：204 千字
版　　次：2023 年 9 月第 1 版　　2023 年 9 月第 1 次印刷
书　　号：ISBN 978-7-5231-0557-3
定　　价：78.00 元

前言

衣食住行是人类生存的基本要素。从古至今，服装都是人类生产生活最重要的必需品，随着社会文明的进步和生产力的提高，服装的定位也发生了变化。现如今，服装已不仅具有帮助人们蔽体保暖的作用，还成为社会精神文化的重要载体，承载着人们表现自我、展示生活情趣的外化作用，可以说服装与社会经济、政治、文化生活息息相关。在信息技术飞速发展的新时代，高新科技水平改变了世界，改变了人们的思想观念，服装产业正朝着个性化、多元化方向过渡，简单的设计思维已经不能满足当下的服装设计了，它必须体现知识和高科技，需要容纳自然与抽象、自由与叛逆，甚至融入传统、时代、未来，以及多元化的思想观念和复杂性的艺术形式，这对服装设计的创新性提出了更高的要求。因此，现代服装和服饰品设计要寻求突破和创新。

现代社会为服装和服饰品的创新设计提供了方便的舞台，便利的信息技术，拉近了世界的距离，人们轻而易举就能欣赏到来自大洋彼岸的创意时装秀，各种各样新兴的技术也为服装产业提供了丰富的原材料。面对如此庞大复杂的信息流，如何从中获取可以利用的有效信息，并对各类信息要素和选择性的视觉语言进行整合和加工形成自己的设计理念，这对所有从事服装设计行业的人来说都是一个不小的挑战。鉴于此，《多维视角下服装与服饰品创新设计研究》应运而生。

本书从多维角度探讨服装和服饰品创新设计的方式方法。第一部分是服装和服饰品设计的基础理论，以提高设计师的基本能力；第二部分介绍了服装和服饰品设计的思维和方法；第三部分是具体研究在多维视角下各种服装和服饰品设计的流程，以帮助设计师厘清设计思路，从各个角度博采众长，将创意设计策略可视化，并将其融入设计实践；第四部分是对设计师能力的要求。本书力求为读者建立完整、准确的理论知识架构与清晰、有效的设计实践方法，从而大大提高设计师的创新思维能力、信息分析能力和资源整合能力。

希望读者能够通过阅读本书得到良好的学习经验与完善的实践参考。作者在撰写本书的过程中，借鉴了许多专家和学者的研究成果，在此表示衷心的感谢。由于作者水平有限，加之时间仓促，书中难免存在一些错误和疏漏，敬请广大专家和学者进行批评指正。

作者
2023 年 5 月

目 录

第一章　服装与服饰品创新设计概述

第一节　服装与服饰品创新设计理念

远古时期，人们就学会使用各种材料制作衣服，以满足最基本的遮体御寒的需求。经历了数千年的历史变迁，衣服作为衣、食、住、行等基本生活需求中很重要的一项内容，不仅是人们生存的需要，而且是人们身份地位、修养品位、外形气质的象征。服装既作为满足人们基本需求的用品而存在，又被赋予了更深层次的文化内涵。对于现代人来说，服装的意义已经不再是简单的生理需求，它现在已然成为人们在社会生活中不可或缺的一种“道具”。服饰文化既成为不同人群的身份、年龄和阶层代表，更是人类不断追求创新、张扬个性、表达美和阐述美的重要象征，是人们对美好事物发自本能的渴求和向往，在多姿多彩的服装背后，传递着不同时代的文化特点和精神诉求。

随着社会的进步与经济的发展，人们开始从多维视角来解读现代服装，并对它的造型、风格特点以及附着的文化内涵尤为关注。现代服装设计开始更多地把注意力放在一些传统与民族的元素上面，包括这些元素在服装款式、面料、色彩等方面的运用。这些对传统服饰文化元素的借鉴运用，以及各种各样新面料的发明，还有面料性能上的不断突破，无一不体现出现代人对服饰的要求越来越高的同时，也对富有传统性的设计元素越来越热衷。另外，方便、实用、健康、舒适已然成为世界潮流中品牌设计的基本原则。人们不但注重服装的观赏价值，还将服装的功能性和观赏性放在同等重要的地位。

如今与人类生活息息相关的服装行业也经历了由工业社会向信息社会的转变。为了提高设计素质，增强设计实力，服装设计必然在观念上发生许多变化，如在人们的思维和穿着上，积极倡导科学健康的着装观念和生活方式，在服装的功能和形式上注重反映当代社会的文化思潮和艺术风格。对于现代服装设计师来说，服装设计深层内涵是设计人与社会、人与自然的关系。为了使人、社会、环境与服装的关系达到和谐统一，我们有必要从多层面来扩展和深化服装设计理念，使设计更好地融功能、文化、技术、美学于一体。针对这些在新时代之下的服饰文化呈现出的新特点，现代服装与服饰品设计的创新理念具体体现在以下四个方面。

一、以人为本的设计理念

以人为本，即将人作为一切发展的根本，处理一切事情都必须从人的角度来考虑，“人”既是出发点，也是终点。“以人为本”这一设计理念源自 1891 年的美国芝加哥工业设计展上，人们提出的“让技术设计去适应人”的口号。“以人为本”是现代服装设计界继“传统与现代”之后的又一热门话题。在现代设计领域，“以人为本”的设计理念被广泛提升，人性化设计被广泛运用，这突出了为人和社会服务的设计之本。

一方面随着工业时代的到来，服装设计主张“形式追随功能”，要求设计形式和设计风格的变化应以“功能”为前提，当然这也属于人性化设计的范畴。批量化生产的服装物美价廉，淡化了服装的阶层差别，体现了服装设计民主化、平民化的人本理念。然而另一方面，服装生产的工业化趋势又使服装设计片面地注重其功能性特点，使服装失去了原本应该具备的“人性味道”和“个性特色”，服装在满足人的基本功能性需要的同时，人通过服装来表达情感诉求的需要却被忽视了。它所具有的规格化、单一性、批量化的共性成分将作为潮流的时尚强制规范化，从而限制了不同人群的自主选择，使人们逐渐失去自我，使本应丰富多彩的服饰文化趋于雷同。面对如此情境，人们着手重新挖掘和定义以人为本的设计内涵，结果是好的设计应“形式”与“功能”并重，“精神功能”与“物质功能”同时存在。于是，才有了目前市场上符合不同消费群体、不同设计风格的服装产品，如简约的、传统的、古典的、休闲的、中性的、奢华的、前卫的式样等。当然，服装风格的多元化，也是人性思想与精神内涵多元化的要求，以人为本的设计理念也正是基于这种背景而产生的。

时至今日，“人本”“人性化”理念已成为服装设计关注的焦点，越来越受到人们的广泛重视。对人性的重视是以人为本设计理念的根本，其突出要点在于尊重人、关心人，强调人的个性，大力发展人的多元性，理解不同群体的精神内涵和思想特点，从而进一步在设计中体现出人在穿着服饰时所展现出的社会因素、个人因素、心理因素和审美因素。只有将设计理念建立在以人为本这一核心思想之上，才能设计出既具有亲和力、简洁大方，又独具美感、富有情趣、清新脱俗的服装产品。无论这一产品具有怎样的风格，其一定是满足人的着装需求，提升人的审美认知，提高人的生活质量，从而最终实现人的自我价值。这也是现代服装设计的最终目的。

以人为本的服装设计理念还表现在以人为本的服装品牌设计理念。这种设计理念和形式的变化都在渐渐地适应和满足社会环境和人们的审美观与功能的需求。纵使未来技术水平、市场需求和美学趣味不断发生变化，消费市场的需求和大众审美趣味不断变化，但有一点是永恒不变的，那就是人的价值。成功的设计来自生动趣味、丰富多样、富有个性的人性化设计。因此，要设计出舒适实用、优美宜人的服装，可通过运用各种手法来进行人性化设计，并且运用人体工程学和环境心理学来深化设计，这已成了众多设计师的共识，也是现代服装设计理念发展变化的一大趋势。

二、“绿色设计”理念

随着工业化生产规模不断扩大，服装消费也不可避免地带有明显的“限制使用期”的工业化特征。人们对服装购买欲的节节攀升，从一定角度看意味着某种浪费，即富余服装的处理问题。工业化大生产在推动社会进步的同时，也给人类生存环境带来了诸多的负面影响，人类社会发展到21世纪，环境污染和能源浪费对生态的破坏，野生珍贵动物濒临灭绝，地球家园已被逐步侵蚀。人们对日益严重的环境污染进行了反思，环境保护成为人类生存过程中面临的首要问题。现代人开始呼吁环保和节能的重要性，主张绿色无污染的低能源、低消耗的生活方式。这一股绿色的浪潮也影响了服装界，在对污染问题的关注和促进环境保护的大力提倡之下，绿色环保的服装设计理念应运而生。

绿色环保设计是以节约资源和保护环境为主旨的设计思路和方法。设计师从设计观念上进行创新和变革，要求现代服装设计创新观念的重点要本着对自然、人类社会负责的态度，从自然、科学、环保、节约等各方面出发，不仅从美术设计的角度，而且更多的是要从回归大自然的角度出发，唤起人们热爱自然、保护自然的意识。“绿色设计”要求在进行服装设计的同时，既要考虑基本功能和审美需求，也要考虑到原材料、加工过程、包装设计及消费者使用过程中的舒适健康指标及最后服装使用周期后的回收、处理等与环境相关的诸多问题，也就是所谓的“可持续性”。

所谓可持续发展，是指既要考虑当前发展的需要，又要考虑未来发展的需要，不要以牺牲后代人的利益为代价来保证当代人的利益。其特征为：强调发展的质量，注重经济发展和环境保护相结合，眼前利益和长远利益、局部利益和整体利益相结合；主张建立和推行一种新型的生产和消费方式，力求使人与自然、人与生态、人与社会平衡和谐。可见，它完全不同于高投入高消耗的传统发展模式，突出体现了追求社会、经济、环境等全面效益的发展观念。在可持续发展理念的指导下，如今服装市场上出现了"绿色服装"，服装设计中也提出了"绿色设计"和"朴素设计"的观点，其目的都是改善环境，取得与自然的调和。因为过去传统的服装设计和生产仅考虑服装产品的使用功能、质量成本和穿着寿命等基本属性，不关心或很少关心服装产品对环境和生态的影响，也不太考虑所涉资源的回收利用问题。所以当服装的穿着寿命结束后，就成了废弃垃圾，其中的有毒有害成分极易污染环境。

因此，变革现行的服装生产方式及消费观念，而代之以可持续发展意义上的绿色服装和绿色设计以及相应的消费观念，就成了可持续发展理念的一个重要方面。而要确保服装产品在其生命周期的全过程中，都符合特定的环境保护要求，对生态环境无害或危害很小，资源利用率高，能源消耗低，就必须要求服装在设计时要强调简洁自然朴实，有利于生态的优化；在材料上要重视使用可再生、无污染的天然材料；在加工中不用对环境和人体有害的化学物质。所有这些处理手法，不仅体现了可持续发展理念的明显特征，而且指明了现代服装设计的发展方向。

绿色设计理念首先体现在对环保型服饰面料的开发以及进一步的应用上。许多人抛弃了以往"高成本的原料，高污染的加工，高消耗的生产"这种密集型产业的原始方式，开始注重资源的再生利用，提倡既对人体健康无害，又不破坏生态平衡的全生态纺织品。这种全生态纺织品指产品从原材料的制造到运输，产品的生产、消费以及回收利用和废弃处理的整个生命周期都要符合生态性，尤其强调了服装生产制造过程中的绿色设计理念。

在绿色环保理念下设计出来的服装不仅从款式和花色设计上体现环保意识，而且从面料到纽扣、拉链等配件也都采用无污染的天然原料；从服装原料的生产到加工也完全从保护生态环境的角度出发，避免使用化学印染原料和树脂等破坏环境的物质。绿色环保风和现代人返璞归真的内心需求相结合，使绿色环保型服装正逐渐成为时装领域的新潮流。

如今广大中小型服装企业在服装配件上的设计体现出的环保理念。在服饰配件中，已出现了不少时尚美观的绿色环保产品。例如，过去为防止金属配饰生锈，曾采用电镀方法，这种方法会在加工过程中产生大量有害的残余物质，污染环境。现在，许多中小型服装企业已经无须经过电镀处理就可以成功地实现用合金制造不生锈的拉链和其他装饰配件。也有一些企业大胆创新，用硬果壳经雕刻或手工绘图制成回归大自然风格的木纽扣，还有钻、翠、珠、玉及木、石、金属首饰领域的“绿色环保”产品的开发研究，这些研究与开发，既保护了自然环境，也迎合了服装市场的时尚潮流。

在绿色环保观念的指导下，现代服装理念以天然环保的面料、追求自然的简洁有力的表现形式、舒适合体的设计、回归自然的色彩为主题，彰显着绿色环保和保护资源的需求。“绿色设计”理念将引导“绿色消费”，绿色象征着生命，“绿色设计”将保持着旺盛、持续的生命力。

三、“兼收并蓄”的文化设计理念

21世纪，信息技术飞速发展，各种文化进入了不断碰撞、演变的大融合时期。目前，由于科技的发达和物质的丰裕，使服装所具有的护体实用功能普遍较易得到满足，从而导致人们转向追求能展示个性、实现自我的审美功能，以美化人的外表和反映人的内在精神世界。因此，今天的服装更多地被视为一种能满足人心理需求的精神产品，表现出了较高的艺术品位和丰富的文化内涵。作为时代文化的象征，对服装的设计无疑与当时社会的文化艺术有极密切的关系。综观服装设计在形式上先后产生的种种变化，其中就有来自文化因素的不可低估的影响。这就要求服装设计师要有创新思维，与时俱进，在创新的主流思想指导下孕育不同的文化意味，进行对传统服装设计因素的大改造。

处于高度发展的信息社会中，人们必然对社会文化有更加迫切的需求，尤其是服装，更是贵在文化内涵。这就要求服装设计应突出文化理念，讲求文化品位，以丰富的文化内涵来传达服装形象，塑造独特风格。文化理念的注入，使服装的风格、样式和品位都提高到一个新的层次，服装设计也因此而进入一个多元化、深层次的发展阶段。人们不再满足功能至上、纯技术化的单一设计，而是从自然界、从历史和传统中寻求具有文化价值和艺术个性的多样设计。多元文化逐渐被人们所喜爱，地域文化特色也受到了肯定和重视，越来越多的服装设计是传统文化内涵与多元的现代文化的完美结合的产物。

不同国家和民族都因其地理位置、自然条件及社会结构不同而形成了自己独特的文化传统和地域特色，正是由于这些特色差异，才会使人类的文化变得如此丰富多彩而又充满个性活力。而服装文化是人类文化中的一个重要组成部分，它作为文化的一种形态，存在特定地区的自然环境和社会环境中，具有特殊的地域性。尽管不同地域的国家和民族之间存在经济上的差异，但在文化传统和精神层面上彼此都应该受到尊重，彼此都可以学习对方的优点。服装设计对地域文化特色的尊重，表现在其设计风格应能反映出不同地区的风土、气候等自然条件的差异以及异质的文化内涵和不同的民族个性，即保留服装区域性的文化特色，充分体现该地区的“文化感”。与此同时，服装和服饰品设计还要对传统文化加以挖掘、创新，对外来文化进行兼收并蓄，把不同民族、地区乃至东西方传统文化改造并发展成为多元的，具有地域性、个性特征的现代文化，这是现代服装设计和服饰品设计文化理念所具有的一个重要特征。

我国的民族服饰有着悠久的历史，为众多设计师带来了不竭的灵感之源。设计师要继承民族传统，寻觅中华民族传统文化之魂，寻觅中华民族生生不息的民族精神，并在设计过程中将其融会贯通，充分将民族文化发扬光大。

一切的艺术设计都要符合其时代背景，社会大环境下的技术水平、审美需求、文化内涵都是服装设计理念、手段、技术的实行基础。在科技高速发展的现代，服装设计理念更是将其所传递的文化精神和思想内涵放在一个不可忽视的重要位置。设计是一种需要融合多个方面的复杂思维活动，要成为一名成功的服装设计师，就必须拥有敏锐的时尚触觉，此外，还需要掌握一些个性化特征。服装设计是一种富有创造性的思维活动，它的存在并不只是单纯地为了创造表面的意向，更重要的是需要融合社会现象、文化水平、时代观念及人们的个性体现等。设计是将色彩的运用、艺术的思维以及人类情感表现高度融合的体现，并且，无论是最终成品将产生的视觉效果，还是对日常生活和情感的感悟，都需要设计师淋漓尽致地发挥。

在这个消费水平得到了明显提高的时代，越来越多的人开始追求能够体现自身个性化的产品，因此服装设计师更需要从特色化的角度出发，在自己的作品中体现个性化的元素和以人为本的特征，只有这样才能让消费者的个性和审美需求同时得到满足。在服装设计中，按照一定法则把诸多元素进行合理重组，运用现代的设计手法和演绎形式进行创新，服装便具有更丰富的文化内涵与创作魅力。文化没有国界，当设计与多元文化相碰撞时，设计便具有了新的内涵。

四、“与科技同步”的网络化设计理念

进入信息时代，网络作为信息传播的新兴媒介，加快了人们的生活节奏，也使生活方式更加多样化。信息技术飞速发展在影响人们生活观念的同时，也促使了新设计手段、新信息发布方式和新产品销售形式的产生。这也对服装产生了影响。从传统的服装手工业到工厂纺织业，再到运用最先进的计算机进行服装设计和生产，人们正在经历着一场现代服装界的历史性变革。而以计算机为代表的现代科学技术正在不知不觉中影响现代服装设计的基本理念。这就是“与科技同步”的网络化设计理念。

“与科技同步”的网络化设计理念的优势主要在于服装设计师所设计的新作，可以通过计算机直接进行面料置换、色彩选择、样板分析、三维试衣等，可以通过网络与相关人员直观地评价设计的优劣及讨论改进方案；在定制服装中，设计师可以与顾客实现网络互动，设计师通过顾客的人体三维服装模型，进行分类设计与试穿及板型的修改，直到顾客满意；如果可能的话，顾客可利用网络远程协助功能，与设计师就设计中遇到的问题进行探讨；在网上销售服装，既节约企业开支，又方便消费者购买。对于企业来说，只要提供有关商品信息的查询和现场试衣系统，和顾客做互动双向沟通，顾客也只要把自己的三围和产品代码输入产品数据库，计算机就能及时把顾客选择的服装通过模型试衣呈现在顾客面前，以提高购买率。

运用网络虚拟技术为高级顾客进行量身定做的同时，目前也开始广泛用于为广大普通消费者进行网上订制服装。我国对这项新型技术进行了开发与实践。在中国内衣创新科技中心，设计师可使用仿真人体模型，配合法国高级立体裁剪设计技术，创制出完美的内衣产品。另外，创新科技中心引进了全球最先进的 VITUS Smart 激光人体扫描仪，这种扫描仪可以大规模收集中国人体数据。创立中国人体数据库是中心的另一项重要工作，它将使中国服装工业走上真正的科技之路。与此同时，国内一些服装院校已引进了一批先进的设备，相信在不久的将来，网络服装设计就会有不可估量的市场空间和广阔的应用前景。

第二节 服装与服饰品创新设计特性

一、服装和服饰品设计的目的和因素

（一）服装和服饰品设计的目的

1. 对象

对穿衣人不同年龄、职业、社会地位、文化教育水平、生活习俗进行系统的归纳分析，是服装和服饰品设计的首要问题。在对人体各类体型特征进行数据统计的基础上，制定出各种规格尺寸；同时，对人体工程学方面的基本知识也应有所了解，以便设计出结构科学、适体，符合人体各部位活动要求的服装和服饰品。

2. 时间

着装时间的考虑在服装和服饰品设计中是十分重要的，它突出地表现在以下两个方面：

（1）季节性

服装和服饰品在设计时必须考虑季节问题。如冬季与夏季自然界的色彩背景、气候条件截然不同，人们对衣着的要求也大相径庭。因而在面料选择、色彩搭配、造型设计等方面都要考虑到季节的影响，作出相应的处理以适应时令的变化，满足人们的衣着需求。

（2）超前性

在信息技术高速发展的今天，服装和服饰品已成为一种商品。由于服装和服饰品带有鲜明的“季节性”“流行性”等特色，也就决定了服装产品进入市场必须走在季节与流行的前面。如春装必须在春季之前进入市场，流行服装必须在流行开始之前就大力宣传推出产品，才能起到引导消费、领导潮流的作用。只有这样，服装商品才能以时间为价值，不断地推出新颖款式获取利润并得到进一步发展，因此时装也被称为“鲜活商品”“时间商品”。

3. 地点、场合、功用

随着生活水平的提高，人们要求服装能从多方面反映时代的风貌，因而，在设计时还应考虑以下三个主要因素：

（1）地点

人们居住在不同的地点或地区，每个地区由于气候条件、文化背景、生活习惯等的不同，对服装的审美情趣也会有差异。

（2）场合

在日常生活中，人们要从事各种活动，如出席各种集会、进行日常工作、参加婚礼喜宴以及丧亡悼念等，这些场合对服装的要求也是截然不同的。

（3）功用

人们在进行各种活动时，为了达到某种目的也需要具有某种功能的服装，如运动装、演出服、制服、内衣、矫形内衣等都具有不同的性能与用途。

4. 经济效益

现代化的生产方式及技术手段使服装走向了商品化。购买成衣已是当今社会的普遍现象，经济效益也就成为检验设计好坏的因素之一。因此服装设计人员必须认识到经济核算的重要性，使服装在求新、求美、求舒适的同时，也求得较好的经济效益。

（二）服装和服饰品设计的因素

服装和服饰品设计是以制作服装为目的，进行设计构思和计划实施的创造性思维与行为的过程。服装和服饰品设计要考虑以下因素。

1. 服装和服饰品与人体

服装和服饰品是以人体为基础进行造型的，因此，服装和服饰品设计必须以人体为依据，并受到人体结构的制约。人们十分关注服装和服饰品美化功能。一般来讲美化的方式可以分为两种：一种是强调人体曲线美，或略为夸张人体的美，如西装、旗袍及强调腰位的裙装与裤装等。另一种是炫耀人体美，或是作为一种艺术构思，减弱人体的整体比例感，强调、夸张人体某部位的造型。如：西方人穿的袒胸露背晚礼服，并添加许多炫耀性的装饰；为夸张胸部，便设计出鸽胸的紧身衣，同时夸大肩与袖，制成上膨胀而下窄小的火腿式袖子；为夸张人体的臀部，用鲸鱼骨制作裙衬支撑，使裙子成为巨大的钟形。现代服装设计为表现新的艺术构思或设计师的风格，以及将要兴起的新潮流等，也常常采用这种手法，以达到新奇别致的效果。无论是表现人体美，或是减弱整体感而夸张某个部位，也无论是固定的服装或是时尚的服装，服装和服饰品设计均不能离开人体。

2. 服装和服饰品与审美

服装和服饰品上潜在的装饰动机是人类对美执着追求的表现，也是艺术创造的动力所在。人类学家和心理学家认为，装饰动机是人类服饰起源的原始动机和基本动机。从古至今，世界上有不穿衣服的民族，但没有不装饰自身的民族。无论是原始人的野蛮装饰，还是封建社会繁文缛节的衣饰，其基本动机都是一致的，即美化自身。文明人与野蛮人在装饰自身这一点上，只有方式的差异，而无本质的区别。因此，服装和服饰品样式的千变万化、服装和服饰品流行的无穷更新，正是人们审美心理与时髦心理的反映与寄托。

服装和服饰品审美的基调在于多样化的统一、内容丰富而有条理的整体美，即变化而统一、对比而协调。这个原则可以泛指各个历史时期服装审美的标准。服装和服饰品审美随着社会的演进、人们生活方式与生活情趣的变化也有所改变，这是服装和服饰品审美在时间概念上所显示出的一种特性。现代生活的快节奏，使人们产生了新的审美观念。因此，现代服装和服饰品也随生活方式的需要而相应有所变化，注重简洁大方、有个性，衣着方便，并可作多种组合与变化。

3. 服装和服饰品与经济、政治及社会心理

（1）经济

社会经济是一切上层建筑的基础，它直接影响到人们的购买力。当社会经济处于低潮时，人们为基本生存条件温饱问题而奔波，无力顾及新的时装。只有在社会经济繁荣时，人们才有对新式服装的消费欲望和购买能力，因而繁荣的经济是服装和服饰品发展的基础。

（2）政治

社会的政治变化会影响人们的着衣心理与方式。例如，改革开放后，人们思想活跃，衣着色彩丰富，款式风格也多样化。又如，两次世界大战造成的政治上的变化，同样给服装带来了巨大的影响，一些流行了几百年的款式遭到完全的摈弃，而代之以面貌与观念令人一新的服装，同时也造就了一批风格各异的时装设计师。

（3）社会心理

服装和服饰品是社会与个人联系的纽带，社会的不断进步，使人们的思想产生了不断的变化与飞跃。例如，过去妇女多数只在家庭内部活动，而今已走向社会，并从精神上、心理上要求男女平等。设计师为满足这种心理，设计出了洋溢着男子气质的女装，套装衣裙强调了肩宽，裤装与西便装也大为流行。此外，如自由潇洒的西部牛仔装，柔和浪漫的东方丝绸衣裙等，凡是迎合现今人们追求新鲜、刺激而又舒适、随意的社会心理的服装，都会受到广泛的欢迎。

4. 服装和服饰品与文化艺术

各民族的历史文化，对服饰产生了巨大的影响，而民俗与生活方式的影响则更为直接，因而形成了具有民族特点的服装。另外随着文化的交流与渗透，各国各地区人们都将汲取其他国家与民族的精华，不断地丰富本民族的服装文化。20世纪初，随着东方文化进入西欧，东方的服饰，孔雀毛、珍珠、穗子、扇子以及轻柔透明的薄纱等让西方人耳目一新；同样，由于影视、信息的流通，西方的连衣裙、牛仔裤、西装等也被我国人民所接受，形成了当今中西结合、丰富多彩的服装潮流。此外，各种文艺形式，尤其是艺术思潮对服装也产生了重要影响。如20世纪以来，无论是抽象派的构成主义，还是回归自然、复古主义等，都对服装产生了一定的影响而形成流行趋向。

5. 服装和服饰品设计的原则

经济、实用、美观是我国一切工业设计遵循的原则，服装设计也不例外。经济包含节约的意思，但不等于越便宜越好。有些服装突出强调实用性（如工作服），同时兼顾经济、美观；有些服装把美观置于首位（如高级礼服），对经济、实用考虑较少。由于服装与人的关系格外密切，人们普遍希望服装舒适。因此，便形成了经济、实用、舒适、美观的原则。

二、服装和服饰品设计的特性

设计师把自己所构思的意图，进行系统而详细的计划，在造型过程中，又要根据所了解掌握设计对象的条件（人的诸多条件）选择适当的材料、色彩，给予合适的配置，创造出实用美观的造型，以具体的形象表现出来，这种计划的过程就是我们所从事的服装和服饰品设计。服装和服饰品设计具有区别于其他工艺艺术的特性。

（一）服装外轮廓设计

服装外轮廓也称服装的外廓型，即服装的外部造型剪影，是服装造型的根本也是服装变化的关键，服装造型的总体印象是由服装的外轮廓决定的。在服装的造型变化中，外轮廓的变化最能使人感到新鲜。服装款式的流行预测也从服装的外轮廓开始，把它作为流行款式的基准。对服装外轮廓的选择还能反映出穿着者的个性、爱好等内容，长、短、松、紧、曲、直、软、硬等造型的背后，包含着审美感和时代感，折射出穿着者的品位与审美需求。

变化无穷的服装外轮廓各具特色和个性，从而造就不同的服装类别。但最基本的外轮廓可概括为 A 型、T 型、X 型、H 型、O 型。“形体造就服装、服装设计形体”，因此就服装设计而言，外轮廓线是衣服的根本，既要掌握人体的特点，又不能认为测量合乎人体的尺寸就是外轮廓线。即使测量的尺寸合乎理想标准，也未必是优美的外轮廓线条。外轮廓线是需要设计的，比如一件基本衣服穿在人体上的正面、侧面、背面，有些部分是吻合的，有些部分则需要塑造出与体型有差异的形态，运用不同的造型手法，形成空间，产生皱褶，甚至超越人体，重塑外轮廓，这些正是服装设计中外轮廓随时代变迁赋予服装不断更新的生命美感线条，外轮廓的变化将创造新的服装魅力，不断创造新颖的外轮廓线条是服装设计师满足现代人对时尚的渴望和需求所做的贡献。

（二）服装的内结构设计

服装设计所讲的内结构，是服装的造型通过点、线、面、体等造型元素的组合而形成的内部造型，造型元素运用得高明、得当，同样是产生服装美感的又一关键因素。在服装设计中内结构能为穿着者创造尽善尽美的造型，充分体现人体美，体现时代的特色。

服装造型的基本要素有四个，即点、线、面、体。每个基本要素都有自己的特点和规律。从某种程度上说，服装造型的设计仅仅是点、线、面、体的安排，当然，这种安排并不是纯粹的审美形式的安排，必须结合人体、服装、流行、道德、伦理、机能等因素，作出合情合理而匠心独具的选择。在服装设计中，纽扣、线迹、饰针、耳环等都是作为点的元素，在设计时应考虑适应于服用场所的形态、大小和色彩。

服装设计所讲的线条，与绘画、雕塑、工艺品的线条不同，衣服是用织物或类似的柔软皮革等作为材料的，因此构成服装造型、结构的线条既要把服装设计创意本身独有的性格贯穿其中，还要考虑服装材料的可塑性因素。

服装上的内结构线包括剪接线、分割线、省道线、褶裥线、装饰线，以及与衣片有关的各部位形体所产生的线条，如领子、袖子、口袋、腰带、花边也都属内结构的设计线条。服装设计就是运用不同线条的性质特点，构成繁简适当、疏密有致的形态，并利用服装美学的形式美法则，创造出集艺术性、功能性于一体的衣着。线是一切设计的基础，是构成形的要素，线条的使用在于利用眼睛的视觉、错觉，创造比例平衡，强调协调统一、趣味美感，服装的内结构线是服装形成的基础，相当于外轮廓线的支撑骨骼（骨架）和支柱。内结构线的设计，不仅要符合外形线的要求，还要使其完美，从而确定服装样式的基本形态。

服装中的面造型都具有丰富性和层次感，常用镶拼、透叠等设计手法，我们通常把全身造型比较平坦、在衣片表面没有较大零部件的服装看成是用“面”的概念设计的服装，比如较为简单的长裙、套装等。把局部或整体造型变化很大、具有明显的起伏感或服装上突出于衣片之上的较大零部件看成运用了“体”的概念。用“体”来作为造型语言的服装，具有较强的视觉冲击力，常用于创意服装。

内结构还具有生产的现实性意义，在工业化服装生产中，内结构是成为工艺流程的主要参数，因此内结构的设计在工业化的生产中，要符合服装工业化生产的要求。

（三）服装色彩设计

服装色彩与配色是服装设计中的又一重要方面，色彩在服装美感因素中占有很大比重，在现代社会中，人们对自身美感的认知和自身服装色彩的审美见地不断提高，使更多的机构和部门对于流行色展开了新的研究和探索，产生了国际性的色彩研究机构，以及各国、各地区的色彩研究机构和部门，这无疑对于服装色彩的研究、服装配色的应用起到推动作用。服装的色彩感与时代、社会、环境、观念、地域都有密切的关系，因此在研究服装配色的同时，还要了解时尚、流行美、社会观念等诸多内容，这样才能掌握时代的脉搏，为当代人选择恰当的服装色彩。

服装给人的第一印象就是色彩。在购买服装时，人们常常是根据服装配色的优劣来决定对于服装的选择，在观察着衣对象时，也常是根据直观的第一色彩概念来评价着装者的性格、喜好和艺术修养。因此服装色彩与配色设计在服装设计的理念中是最为引人关注的问题，服装色彩因现实生活而定，是活的东西，是从抽象到具体的东西，具有随机应变的能力。不同地域、环境、场所、建筑、习俗、习惯等都能使服装色彩发生变化。服装色彩设计要适应时代，适应人群，适应环境，适应年龄，适应个性，这是服装色彩设计所具有的特征。服装色彩因素无论是在影响人们的视觉感知的程度上，控制人们情绪的力度上，还是支配人们行为意念方面，都明显具有更重要、更优势的地位。

1. 服装色彩与心理特征

人们用心理感受给色彩披上了情感的外衣，使色彩性格化地展示在人们的生活之中。例如，前进色、后退色、膨胀色、收缩色、冷色调、暖色调等，这些对色彩的心理感受与人类的视觉是一致的。服装色彩对人们心理上的影响往往是因人而异、因地而异、因时而异，这些都是服装色彩对人们心理、生理产生的影响变化因素。

在某些特定地区，某些特定社会意识人群集团，同一种族的人们对某些服装色彩表现出高度统一共性的稳定认知，这种明显而有规律的色彩喜好特点，则是服装色彩影响人们心理的共性特征。服装色彩兼容了影响人们心理的个性与共性因素特征，它是服装色彩设计中必须关注的关键要素。在服装设计认真分析掌握与服装色彩有关的诸多心理因素，比如社会心理因素、个性心理因素、年龄的心理因素等。

2. 服装色彩与季节特征

服装色彩与季节色彩相适应，主要体现在服装与穿着场合、季节的相关因素，自然界的色彩是随季节的变化而变化的。服装色彩也逐渐形成了较为鲜明的“四季色彩”。这是一种普遍的规律，随着人类物质生活水平的提高，生存环境的改善，追求生活质量，室内的恒温缩小了季节的差异，像色彩斑斓的大自然一样，人造色彩的广泛开发，极大丰富了服装色彩。在服装色彩与季节色彩的调配上，出现了许多逆向思维的服装配色，如冬季传统色是用深色、彩度高、明度低的色彩，使人感到过分沉闷单调，除利用局部配饰，头巾、手套、帽子增加色彩外，还可以用一些明快鲜艳的色彩作为内衣，或直接用于外穿服装上，以打破外界的单调和苍白，因此加大服装色彩在季节色彩的比重，可以起到调节作用。

大自然陶冶了人们的情操，同时也为人们的衣着色彩提供了丰富的素材，人们不断地吸收大自然的色彩营养，求得衣着色彩与季节色彩协调或对比。在当今以成衣为主体的服装市场运营中，服装企业及设计师以敏感的商业头脑，将季节与服装色彩相关的系列为市场卖点，以换季服装为重点的目标。服装是季节的服装，服装色彩也必须具有明显的季节色彩特征。

3. 服装色彩与环境特征

自然景物、人为建筑空间形成了人们赖以生活和活动的环境。在城市、农村，海滨、山区，室内、屋外等，环境本身就形成了不同的色调、不同的环境，不仅能使人产生相异的情绪和感受，也使人们自觉或不自觉地改变了自己的装束，以此来适应心理和生理与周围环境的协调性，服装设计师借此设计相应的服装色彩。比如，现代城市环境由钢筋混凝土及玻璃建造的高大建筑，公共设施、街道、车辆、熙熙攘攘的人群形成繁杂的色彩气氛，因而设计的日常生活服装色彩通常是以明快、和谐、带有某种色彩倾向的灰色调、中性色调，作为城市服装色彩基础。随着流行色彩的应用和渗透，服装色彩设计更为丰富多彩。

第三节　服装与服饰品设计形式美的法则

由于审美差异，服装和其他艺术一样不能用固定公式来衡量，然而从古今中外的服装中仍可以找到公认的美的观念，并从中归纳概括出相对独立的形式特征，发现其规律性。在服装设计中，追求设计内容的多种变化与设计整体的协调统一是体现服装设计美学的重要规律。在运用服装设计的美学法则中，科学、严谨、艺术地表现反复与交替、节奏与韵律、比例与分割、对称与均衡、对比与调和、统一与变化，以及视错原理这些既对立又统一的相互作用关系，可以把服装设计的形式美推向更加和谐、统一、含蓄、完美的境界。这些“美的”形式以及它们的组合规律可作为创造新的美的事物时的参考。形式美体现在服装的造型、色彩、肌理以及纹饰等方面，并通过具体细节（点、线、面）、结构、款型等表现出来。形式美原理的具体应用必须注重整体性的完美表现。服装设计除了题材与内容外，还必须有一个完美的艺术形式，才能更好地表现美的内容。恰当利用设计的形式美法则，巧妙地结合服装具体功能和结构，则可推出新颖的服装款式。

一、反复与交替

反复和交替是用相同相似的形、色构成单元重复排列，或者利用相异的两种以上单元形轮流出现。前者是同一形式有序重复，在统一中求变化，形成多种多样的节奏美；后者也称交替，是把复杂多样的形式按一定的有序规律组织成有条理的装饰性图形，在变化中求统一，表现出整齐美。造型元素在服装上反复交替使用会产生统一感，具有整齐单纯与鲜明装饰美的效果，如门襟的纽扣直线排列。

二、节奏与韵律

（一）节奏

1. 节奏的概念

节奏是指同一因素在时空中有规律的反复。在音乐、舞蹈等瞬间即逝的表演中，表现为时间性的艺术节奏，在书法绘画中则表现为空间性的艺术节奏，不论哪一种方式，都能表现出和谐优美的艺术性效果。在服装设计中，节奏的运用同样能产生良好的视觉效果。

2. 节奏在服装设计中的表现形式

（1）有规律的反复。也叫机械反复，是指同一形式因素重复出现，且不发生任何变化。这种反复给人以规则变化的愉悦感受。但有时也会给人生硬、呆板之感，设计时应加以注意。

（2）无规律的反复。某种形式因素在重复出现时，发生一定的变化。因其方向、间距等的变化会引起人们视觉上不同程度的感官刺激，因而给人活泼、运动的美感。

（3）等级性的反复。某种形式因素在重复出现时，按等比的关系逐渐减弱或增强。它所产生的视觉效果使服装造型表现出圆润、舒展的美。

（4）放射性的反复。指服装的整体或局部，某种形式因素在重复出现时，呈放射线状排列。这种反复产生辐射效果，增加了服装设计造型的律动感，给人以飘逸、轻快的印象。

（二）韵律

1. 韵律的概念

韵律与节奏如影随形，音乐中的旋律是指重复的音节所产生的优美的、起伏跳跃的音韵，给人以极美的感受。在服装设计中，运用点、线、面及色彩进行有规律的反复变化，能够形成强弱对比，而产生一种视觉上的韵律美。这是服装艺术形式美法则常用的一种表现手法。

2. 韵律在服装设计中的表现形式

节奏是单调的重复，而韵律是富于变化的节奏，是节奏中注入个性化的变异形成的丰富而有趣味的反复与交替，它能增强服装的感染力和表现力。在设计中，韵律指节奏按照一定的重复形式、一定的比例形式、一定的变化形式组合在一起。正确运用节奏的手段可以使服装获得一种韵律美，单调有规则的反复和复杂无规律的反复都能产生节奏韵律感。韵律的基本形式有：

（1）连续韵律是同种要素无变化地重复排列。

（2）渐变韵律是同种要素按某一规律逐渐变化地重复，呈现规则或不规则的渐次变化，如由小到大、由强到弱地递增或递减，形成协调统一的视觉效果。规则渐变实质上是以优美的比例为基础，富有韵律性，如赤橙黄绿蓝靛紫的色彩排列。不规则渐变的变化没有规律可循，强调感觉上或视觉上的渐变性。

（3）交错韵律是同种要素按某一规律交错组合的重复。

（4）起伏韵律是同种要素使用相似的形式按某一规律作强弱起伏变化的重复。

在服装设计中，韵律可表现为线形、色彩、图案和质地的反复、层次、渐变、呼应等，包括衣领、袖、口袋、袋沿、袋盖、门襟边、衣摆边等局部之间，纽扣、系带、腰带、花边、皮边等配饰之间，服装的整体与局部、面料与配饰之间的配置关系。此外，外轮廓线、结构线、分割线、细部的线形都是形成韵律感的重要设计要素。

节奏与旋律运用在服装设计中，能使人产生强烈的秩序感和韵律美，当服装款式的整体或某一部分的材质、色彩、造型需要表现出同一或某种形式因素的多次排列时，就可以考虑运用节奏与旋律的法则，以新奇的立意和手段增强服装的视觉效应。

三、比例与分割

(一) 比例

1. 服装和服饰品设计中的比例

比例原本是一种数学概念，是指同类量之间的倍数关系。服装造型中的比例是指整体与局部、局部与局部之间，通过面积、长度、轻重等的质与量的差，所产生的平衡关系。比例的运用，在服装设计中无处不在，可以这样说，每一根线条、每一种色块、每一片材质的运用，都涉及服装设计整体的比例关系。任何一种比例的变化都会产生一股流行的潮流。比例的形式有很多，最有名的是黄金比例，其他形式还包括等差级数、等比级数、调和级数、费波那奇数列、根矩比例等。等差级数是以一单位为基准，把它的 2 倍、3 倍、4 倍等求得的数值依次排列，形成等差系列的比例，这种比例富有秩序的结构。调和级数是以等级数为分母所得的数列(1/2、1/5)，这种形态的比例较等差级数富于变化。在服装设计中，设计师靠修改比例实现不同的美，时尚也经常打破这些预期的规则来创造夸张的视觉效果，包括领、袖、袋、分割和整体服装，服装的各种装饰与整体服装、服装的上身与下身、内衣与外衣等的色彩材质比例。

2. 服装款式造型与人体的比例

这是最常见的，也是最重要的比例关系。没有人愿意穿不合身的衣服。服装不合身就是服装的款式造型对某一个特定的人来说，存在着比例失调的问题。批量服装生产中，将服装的大小归纳成许多型号，每一种型号，都是按一定的比例制成的，而每一种型号各部位的比例，都是在对我国各种体型、身高的人做了大量的调查工作和数据统计的基础上得出的。

3. 服装材质、色彩的搭配比例

服装设计师常运用不同材质的面料，进行相互搭配而形成多变的装饰效果。不同色彩、不同材质的搭配，在数量、大小、位置上可以有多种变化，但只有恰当的搭配比例，才能取得完美的效果。

4. 服饰配件与服装整体的比例

在服装设计中，对服饰配件进行适当的选择组合，理顺其中的比例关系，特别是处理好设计整体与局部的均衡与协调，能更好地展现出服装的整体美感。

在时尚潮流的影响下，服装设计中对于比例的运用也大胆采用了丰富多变的比例形式，增强了服装的时代感。设计师并非对设计的每一部分都进行精确的测量，而是凭借对比例的直觉和感受，在共存的比值中，着力夸大某一比值，刻意地追求某种风格和印象，以产生刺激感和新潮感，表现其个性化的创作风格。

（二）分割

分割是指用线条将一个服装整体划分为若干个面，以产生不同的造型。

1. 黄金分割

黄金分割率是古希腊人创造的长与短的分割数值比，是举世公认的最富美感的比例。其含义是将一线段分成长、短两部分，总体与长段之比等于长段与短段之比。如长段为 a，短段为 b，则 $(a+b):a=a:b$，得到的无理数为 1.618∶1＝1∶0.618。人体就是黄金分割的一种最简单的样式，以腰线为分割线，得到的上述比例关系的人体为最完美的体型，服装分割也是如此。但在服装设计中，运用黄金分割比例时不必如此精确，而常常采用简单实用的近似比例进行分割，即 2∶3、3∶5、5∶8、8∶13、13∶21 等。在服装设计款式中，近似值比例分割运用得当，可以取得良好的视觉效果。

2. 分割的形式

当服装的整体轮廓确定后，轮廓内的结构线、装饰线等的排列离不开分割，而分割的形式与方法必须建立在合理的比例基础之上。比例分割大致有以下几种形式：

（1）垂直分割。有苗条、挺拔的感觉。但垂线分割过多，会减弱苗条感。

（2）水平分割。有稳定、舒展的感觉。

（3）斜线分割。有轻快、活泼的感觉。

（4）曲线分割。有柔美、流畅的感觉。

恰到好处的比例分割，会增加服装的艺术美感，但分割比例失调、凌乱，会使原本很美的设计造型支离破碎，降低服装的艺术美感。

四、对称与均衡

（一）对称

1. 对称的概念

对称即以一根轴或多根轴为中心，左右或上下进行同量、同形、同色的形式因素的配置，对称的双方在形状、大小、距离、排列等方面完全相同。处于对称平衡中的形式因素的同量、同形、同色，能产生整齐平衡、庄重稳定的效果。生活中有很多对称的例子，北京的建筑格局就是以皇宫为中轴线形成的东西两城对称的布局形式，威严庄重，气势宏伟。在服装中，清朝的马褂及近代的中山装、建设服都是对称形式的典型范例。

2. 服装和服饰品设计中对称的形式

对称可分为单轴对称、多轴对称、回旋对称三种形式。

（1）单轴对称。即以一根轴为中心，左右两边形式因素完全相同。这种对称形式的服装会给人以安定、平稳的感觉。

（2）多轴对称。即两根轴交叉成直角，分布于其周围的形式因素相等或相近。这种对称形式的服装比上一种更加严谨。

（3）回旋对称。即相同形式因素以中心点为对称点，经过反转回旋后产生重合效应的对称平衡形式。这种对称形式的服装较前两种对称形式更具动感。

（二）均衡

均衡也称非正式平衡，构成设计中的平衡并非实际重量的对等关系，而是根据图像的形量、大小、轻重、色彩以及材质的不同而作用于视觉判断的均衡。均衡是指对一个整体造型中的上下左右各要素进行任意排列，利用强弱、长短、粗细、大小等诸多矛盾而组合成相对稳定的视觉效应和心理平衡。它不是从力学角度，而是从视觉角度来说的，是指一种视觉张力的平衡状态。均衡是动态的特征，因而均衡的构成具有动态。不同的造型、色彩、质感、装饰物等要素环绕一个中心组合在一起，把各自的位置与距离安排得宜，两边重量、质地、形状、色彩等方面的吸引力相等形成视觉平衡，在非对称状态中寻求稳定又灵活多变的形式美感是均衡的体现。均衡的两种形式在服装设计中包括了整体和细部、细部和细部之间的线形、色彩、图案、材质、装饰的平衡。

对称与均衡相比，在空间、数量、间距等方面并不相等，甚至在大小、长短、强弱的关系上是对立的，但由于其相互补充的微妙变化，却能给人一种平衡感。服装款式的上与下、左与右，不能要求用同一种格式固定下来，在裁剪取舍和装饰物的搭配上，色彩、材质的组合上，注意均衡和稳定是非常必要的。均衡在形式结构上打破了对称的呆板与严肃，具有活泼、优美、轻松的动感。在不对称的服装款式造型中，注意把握好对应关系的相互补充，即可显示出均衡的富于变化的美感。

总之，均衡的意义就在于将不平衡、不对称的东西稳定下来，求得视觉和心理上的平衡效果。值得注意的是，不论是对称还是均衡，一定要保持视觉上的相对稳定感。均衡关系的运用，保持了服装设计造型上的延续性和稳定性，使服装设计稳中有变，变中求稳，风格迥异，多姿多彩。

五、对比与调和

对比与调和是相对而言的，没有调和就没有对比，它们是一对不可分割的矛盾统一体，也是取得服装设计统一变化的重要手段。一般来讲，对比强调差异，而调和强调统一。

对比，是指在质或量方面有区别和差异的各种形式要素的相对比较。对比的因素存在于相同或相异的性质之间，就是把形、线、色等要素互相比较，产生大小、明暗、黑白、强弱、粗细、疏密、高低、远近、动静、轻重等对比。对比是差异性的强调。对比是调节服装过于呆板的有效方法，通过服装形态、色彩或质感的对比来制造强烈的视觉效果，使服装变得生动活泼。服装设计中对比的应用广泛，包括色彩冷暖、深浅，质地厚薄、粗细、软硬、滑糙，整体造型和细部廓形等的对比。根据对比力度的强弱可形成渐变、变异、特殊等服装造型形式。运用对比时要注意把握量和度，否则会产生不协调的感觉。对比因素过多会形成杂乱无章的结果。

调和也称协调，即构成美的对象在部分之间没有分离和排斥，两者或两者以上的要素相互具有共性。调和指形式上的同一或类似，是形态、风格、色彩和质感等所有设计元素之间合理组织的统一与变化。它使各个部分相互关联、呼应和衬托，以求整体多样统一，共同创造一个成功的视觉效果。例如同类色配合与邻近色配合具有和谐宁静的效果，给人以协调感。调和是指适合、舒适、安定、统一。广义的调和指意境上的适合、舒适和完整感。

调和分为类似调和与对比调和两种类型。

（1）类似调和指相同的或相似的东西有共同的因素和特征，容易产生协调感，富有抒情意味，具有柔和、圆润的效果；对比调和是构成服装元素之间看似没有共性的东西，但组合运用得当也可产生共同的积极因素，其对比关系又能相互调适而形成融洽、富有条理的理念，具有强烈、明快的感觉。

（2）对比调和的最佳方法是在对立面中加入对方的因素或者双方加入第三者因素，颜色的深浅、衣料的厚薄、面料的光滑与粗糙、材质的重与轻、款式的宽松与细窄短长等都是构成对比调和的因素。

六、统一与变化

（一）服装和服饰品设计中的统一

在服装设计中，统一与变化是恒久不变的重要法则。统一是指服装的形状、色彩、材料等种种个体经过选择后汇集成一个关系密切的和谐整体。统一可以给人一种整齐感、秩序感。统一主要表现在服装整体与局部之间的大小、形状、色彩、材料等的组成对比，对于穿着对象、场合、时间等的统一也包括其中。服装构成的统一和谐是服装整体美的最直观的表现形式。统一的视觉效果能同化或弱化各个部分的对比，缓解视觉的矛盾冲突，加强整体感。统一的形式有两种：重复统一是将共同的形象因素并置在一起，形成一致的视觉感，统一感最强；支配统一是指有主次关系，整体处于指挥、控制的地位，部分依附于整体而存在，当事物的部分与部分之间形成一定秩序就会形成统一美。

在服装设计中强调统一是非常重要的，否则会给人杂乱无章的感觉，没有多种形态的和谐统一，就无法体现统一的真正概念。但是，在服装设计中还是要注意设计造型、线条变化、色彩明暗、材质搭配的合理运用，使设计构思形成一种有序的章法，达到和谐统一的目的。

统一是在多种形式形态的造型、色彩、材质的和谐对比中产生的，因而统一是相对于对比而言的。若绝对的一致或统一，便会使人产生呆板、单调、毫无生气之感。

（二）服装和服饰品设计中统一与变化的关系

在服装设计美学法则中，强调统一的秩序与章法，固然会使服装设计造型在产生稳定庄重之感时略显板滞，但抛弃了统一的原则又会使服装设计造型杂乱无章而毫无美感。服装设计既然是一门艺术，设计师对美的追求自然是首选。统一和变化是既相互对立又相互依存的统一体，它们互依互存缺一不可。统一是寻求各部分之间的内在联系、共同点或共有特征；变化是寻找它们之间的差异和区别。服装设计如果没有变化，则单调乏味和缺少生命力；没有统一，则会显得杂乱无章，缺乏和谐与秩序。在服装设计中，既要追求款式、色彩和材质的丰富变化，又要防止各种因素杂乱堆积而缺乏统一感。

变化是将某方面形式因素差异较大的物象放置在一起，由此造成各种变化，强调差异，可取得醒目、突出、生动的效果。变化通常采用对比和强调的手段，造成视觉上的跳跃，同时也能强调个性。强调是指在运用线条、图案、色彩等进行设计时，要突出重点，塑造吸引力。强调最重要的是确定兴趣中心，要调动各种方式来突出重点，包括强调主题、强调色彩、强调材料、强调工艺、强调配饰、强调部位等方面。

服装设计一定要把握好统一与变化的关系，在统一中求变化，在变化中求统一。只有把统一与变化的关系运用把握得恰到好处，才能使服装造型展示出动人心魄的艺术美感。

七、视错原理与应用

（一）视错的概念

简单地说就是视觉上的错觉，即当人们的视感觉同所观察的物体产生误差或偏离时，就会产生视觉上的错误，简称视错。同样长度的一条线，用不同的方式来表现，就会使人产生长短不一的感觉；相同大小的两个圆，在大圈中的显得小，在小圈中的显得大。

（二）视错的效果及运用

视错同服装造型有直接的关系，它涉及色彩、线向、角度、尺度、形状、面积及距离估计失误等直观感觉。由于服装构成表现出多种不同形状的几何图形搭配组合，因而，在服装设计中，合理运用视错会产生新奇实用的艺术价值。

1. 线的视错原理及运用

（1）水平线的视错原理

同样大小的四个正方形，依次用一条、两条、三条及多条水平线进行等距离平行分割时，我们会发现：一条水平线有增加宽度的视觉效果，而多条水平线的排列，则有增加高度的作用。这是因为一条水平线可以引导人的视线进行左右移动，而当多条水平线进行等距离平行排列时，会引导人的视线进行两个方向的移动，即左右移动和上下移动，而上下移动大于左右移动时，便有增加高度的效果。

（2）垂直线的视错原理

同样大小的四个正方形，依次用一条、两条、三条及多条垂直线进行等距离平行分割时，我们会发现：一条垂直线有增加高度的视觉效果，而多条垂直线的排列，则有增加宽度的作用。这是因为一条垂直线可以引导人的视线进行上下移动，而当多条垂直线进行等距离平行排列时，会引导人的视线进行两个方向的移动，即上下移动和左右移动，而上下移动小于左右移动时，便有增加宽度的效果。

（3）斜线的视错原理

斜线的视错效果与它的倾斜度有关。当斜线的倾斜度接近垂直时，它的视觉效果与垂直线相似；当斜线的倾斜度接近水平时，它的视觉效果与水平线相似。

（4）线的视错原理在服装设计中的运用

在服装设计造型中，运用好线的视错原理，可以强化视觉印象，增加服装造型的装饰功能，起到调节人体形态的作用。

2. 形的视错原理及运用

相同大小的形体，放在一起对比时，会因为周边形态的影响，而产生大小不一的视错效果。在服装设计中，运用好形的视错效果，可以美化着装人的形态特征。

第四节　服装与服饰品的关系

一、服装与服饰品的概念

衣服和服饰都是服装整体的一个局部，两者相辅相成，相得益彰。服装中的服饰品，顾名思义是服装附属的附加装饰。服饰是指服装及附加装饰品的总称，在服装中起到协调、突出重点和美化装饰等方面的作用。同时，服饰品有自己的实用功能作用，也有自己独立的审美要求，但它们是服装的补充，使用得当将与服装融为一体，成为服装整体中不可分割的部分。所以服饰品也是服装的广义内容之一。

由于现代服装的变化与发展，给服装注入了全新的含义。人们的着装不仅为了舒适、合体和满足生活上的需要，同时是为了追求更高层次的一种精神上的满足。人们力求让服装说话，通过服装配饰来强调自身的价值，美化人们的生活。服装的内容很广泛，它包含了人的精神与物质结合而产生的一种统一与协调的状态。这种服装情调的产生和整体化相一致，在很大程度上是通过服装与饰品的搭配所达到的。由于我国现代服装业起步较晚，大多数人对配饰还没有重视起来，只是追求片面的服装款式，也就是服装内部的分割变化。虽然很多人自以为总在更换衣服，但却不能给人耳目一新的感觉，原因就在于服装脱离了整体美，使着装格调没有产生一个总的倾向，主体分散，美就不能充分体现出来。因此，我们在服装的配套中要追求整体完美，必须学会使用服饰。

服装的服饰是附加在服装上的装饰品。它包括：鞋、腰饰、袜子、手套、帽子、围巾、手帕、眼镜、纽扣、胸针以及项链、耳环等首饰，别小看这些配件，它们在服装配套中起着重要的调节作用。同样一身黑色高档的套裙，使用不同的配件和不用配件，会产生不同的效果。如果配黑色大檐帽、金色耳环、金色项链及带有花纹的黑色透明长筒袜、黑高跟鞋、黑皮手套，虽然整体搭配都采用了黑色，但由于各种配件的质地不同，在原服装的基础上产生了丰富的变化，构成了一种主调，在这里金色耳环、项链也更为突出，给人一种高雅、神秘、成熟的女性魅力。如果在这身套裙的上衣里面配上低领口的红内衣，颈围白丝巾，配上黑耳环、红胸针、白长筒袜、黑鞋等，通过几种配饰的使用，立刻打破了服装原有的沉寂，白色、红色跳跃起来增强了服装的动感，给人一种洒脱明丽的女性美。如果在这套裙子上配以鲜艳的大花纱巾、黑色眼镜、白色手套以及与纱巾色泽一致的小花、宽松布鞋，整体服装给人以迷人的乡村情调和纯朴的大自然气息。在几种配件使用之后，反过来再看这套没有任何配件的服装，虽然在外形、款式上都很时髦，但穿在身上不免会使人感到缺点什么，显得单调，没有个性，使人乏味，更不会吸引人的注意力。

服装配件的使用在男装中同样也是必不可少的。例如，同样一套制服，如果配上礼帽、墨镜，着装人会显得有一种男性美，颇具干练、精明的神采，如穿上这套衣服再配上白色围脖，便会给人一种清爽、朴实的学生气息。

以上所举的服饰例子，只是说明配饰对于服装风格的重要影响。在日常的着装中应尽量针对服装风格而选择配饰，使配饰同服装相呼应，以突出服装风格为主。如果服装简洁、大方，就可配上复杂的服饰。在服装与服饰之间，要以服装为主，服饰为辅，服饰只是用来点缀、衬托服装的美。服装、服饰的色彩既要讲对比，又要讲协调，如果某些服装色彩不容易协调，可使用黑白、金银等色进行调整。服饰同服装的配合，要注意形质的对比，讲究轻重、虚实、软硬、光滑与粗糙的变化，使高档服装同精制服饰搭配在一起，做到服饰同服装风格上的一致。

二、服装服饰品的装饰作用

服装服饰品的装饰意义有以下两个方面：

（1）服饰能突出重点，显示某种标识，注意中心的作用。

（2）服饰使服装得于补充、完善、完美。①服饰在服装中起到装饰、修饰，画龙点睛的作用，在对比、调和等方面形成风格，富有个性，使服装更理想，使穿着者更完美；②购买服饰，既可赶上时髦，又可多种使用，不花大钱，经济实惠；③服饰的调节，服饰效果以改变旁观者的想法作为纽带，使服饰起到理想的衬托因素。

三、服饰品的设计

理解上述服饰的作用，就可以用正确的观点和方法来对服饰品进行设计。

1. 服饰品的设计一般要考虑以下特点：

（1）个性化的特色；

（2）构成的严谨与完美；

（3）服饰的材质美，能体现高质量的质感；

（4）服饰品的格调美可体现精致与高档。

2. 服饰品的使用，一般需要遵循下列原则：

（1）一般宜小不宜大；

（2）宜少不宜多；

（3）宜精不宜繁；

（4）宜雅不宜俗；

（5）宜贵不宜贱；

（6）讲究文化性与精神的美感。

四、服饰品对服装的作用

服饰品与服装的组合，共同构成人的整体着装效果。服饰品是满足服装整体搭配需要的必备物品，服饰品设计要与服装的造型、色彩、材料、着装目的以及穿着方式相互协调。在现代服装设计中，随着流行元素的多样化与人们对个性的追求日益突出，服饰品在服装搭配中的重要性，服饰品对穿戴者在突出个性方面甚至起到决定性作用。

由于服饰品具有多重搭配组合的特点，有时仅仅改变服饰品的搭配组合，就可以使整体着装风格有极大的改变，从而满足不同的穿着场合。同时，通过对服饰品的造型、色彩、材质等的精心设计、选择，可以弥补某些服装的不足。巧妙利用服饰品，可以点缀服装或改变服装样式，起到增加服装整体美感的作用。如职业装比较正规严谨，款式简洁，与其他时装相比略显拘谨，如果适当地搭配一条小丝巾、一枚精致的胸花或者一对别致的耳环，就会增添几分生动和柔美。

服饰装扮的风格化已成为人们步入感性消费时代的一个重要特征。服饰品应与服装的流行主题或风格相呼应，共同传递相似的风格特征，这样才能形成一个统一的、充满魅力的外观效果。与职业女装搭配的服饰品造型以简洁大方、色彩以单纯为主；搭配高级晚装则需要选择精美华丽、价值较昂贵的服饰品；轻松、休闲的服装一般搭配用木、银、陶等材料制作的服饰品，显得自然、无拘束；化装舞会、狂欢节等场合就可以大胆地使用造型夸张、色彩鲜艳的服饰品，以增加狂欢的气氛。风格的一致性不仅体现在服装与服饰品的搭配上，还表现在各种服饰品相互的搭配上，如帽子、围巾、眼镜、包袋、鞋等常用服饰品的组合是否具有整体协调感，是着装得体的关键。

第二章 服装与服饰品创新设计思维

第一节 服装与服饰品创新设计思维的基础理论

一、创新设计思维的概念与内涵

创造性思维是指在客观需要的推动下，系统化地综合现有的存储信息，创造出新概念、新方法、新观点、新思想，从而促使认识或实践取得重大进展的思维活动。

设计思维是以问题为导向，对设计领域出现的问题进行收集、调查、分析，并最终得出解决方案的方法和过程。设计思维具有综合处理问题的能力，提供发现问题和分析问题的方法，最终给出新的解决方式。

创新设计思维是思考设计问题、解决设计问题的方式。回到思维层面，创新设计思维是创造性思维在设计上的延伸和具体化。创新设计思维是以最终用户的角色探索潜在的需求，不断从当前的现状和出现的问题出发，考虑现有的挑战，还要寻求潜在的挑战，强调最终客户的体验。而且，从美好的未来和理想的愿景出发，忘掉现状，强调最终客户未知的渴望的体验，将逻辑思维和直觉能力结合起来，利用一整套的设计工具和方法论进行创新方案或者服务设计的思维模式。设计思维的核心是创造性思维，它贯穿于整个设计活动的始终。创造的意义在于突破已有事物的约束，以独创性、新颖性的崭新观念或形式体现人类主动地改造客观世界、开拓新的价值体系和生活方式的有目的的活动。

二、创新设计思维的基本理论

创新设计思维是一种极为注重人性的科学，用来调动人们都具备的但为传统的解决问题方式所忽视的能力。创新设计思维依赖人们的直觉能力、辨识模式的能力、构建创意以实现情感共鸣和使用功能的能力，以及通过文字或符号之外的方式来表达自我的能力，实际上就是逻辑思维和设计思维的组合。创新设计思维具有主动性、目的性、预见性、求异性、发散性、独创性、突变性、灵活性等特点。创新设计思维是抽象思维、形象思维、发散思维、收敛思维、直觉思维、灵感思维、逆向思维、联想思维等多种思维形式的高效综合运用及反复辩证发展的过程。

创新设计方法是以创新思维为基础的，可以说创新设计与创新思维有着不解之缘，没有创新思维就没有创新设计。也就是说，创新设计具有多种创造性思维的原理和依据。

（一）综合创新

从一定意义上说，综合就是创造。但是，简单的拼凑不是综合，我们所说的综合是将事物的各个方面、各个部分和各种因素联系起来整体考虑，从系统总体上把握事物的本质和规律。综合创新就是运用系统整合和功能创新去形成和生成新的事物。综合并不是将各个构成要素简单相加，而是将各个要素的机理巧妙地整合起来，从而产生新的功能。

（二）分解创新

分解是与综合思路相反的一种创新方法，它是把创造对象进行分割、分解或分离，使大系统变为若干个子系统，这样各种问题就从复杂系统中剥离出来，从而达到创新思路、抓住事物主要矛盾的目的。运用分解创新，人们获得了很多创新设计成果。例如，宜家家居公司的构件家具理念，采用了化整体为组件，再由组件构成整体的设计思路。宜家对同一型号的组件进行不同的设计，然后根据不同的组合，拼装出不同的款式，满足了不同消费者的需求。

（三）移植创新

把一个研究对象的概念、原理和方法等运用或渗透到其他研究对象，从而取得研究成果的方法就是移植创新。移植方法也是一种广泛的应用创新原理，移植原理能促使思维发散，只要某种科技原理转移至新的领域具有可行性，通过新的结构或新的工艺就可以产生创新。

（四）优化创新

产品的价值与功能成正比，而与成本成反比。如果 F 为产品具有的功能，C 为取得该功能所耗费的成本，则产品的价值 V 为：$V=F/C$，我们称这一公式为价值工程公式。价值工程就是产品或技术方案以提高价值为目的，实现技术经济效益的提高。要研究功能与成本的内在联系，价值优化并不一定能使每一项性能指标都达到最优的状态，而是综合考虑各个因素性能以后，达到系统最优，而不是局部最优。

（五）逆向创新

逆向创新就是运用逆向推理，将以往思考问题的思路反转过来，针对现象、问题或解决方法，分析其相反方面，从另一个角度探寻新途径的逆向创新方法。

（六）还原创新

还原创新是指先暂时放下当前的问题，回到问题的起点，分析问题的本质，对事物进行分解还原，从而独辟蹊径的创新方法。这里的起点指的是创新的根本出发点，即为何创新，体现创新成果的本质所在。还原创新的实质是要从根本上抓住问题的关键，去寻求新的解决问题的方法。

三、创新设计思维的步骤

创新设计思维是培养整个社会具有以人为本，发现问题，解决问题，获得创新解决方案的能力，并且将创新的基因注入人们的思维模式之中。整个创新设计包括三个过程，即启发、构思与实施。启发是指激发人们寻找解决方案的问题或机遇，也就是从某些现象、问题和挑战中发现一些需要解决的问题。构思是产生、发展和测试创意的过程，而实施则是将想法从项目阶段推向人们生活的路径。具体步骤如下：

（1）最初的观念：对于要解决的问题或是要做的一件事产生的最初想法。

（2）准备阶段：包括我们从发现问题到明确目标、初步分析以及收集资料等。

（3）酝酿阶段：这一阶段要让潜意识活跃起来，集中精力去寻找、探索满足目标要求的设计方案或是技术要求等。这一阶段持续的时间相对较长。

(4) 休整阶段：为了有益于问题的解决而有意识地中断努力，稍作休息，在此期间可继续推敲这个问题，也可暂时转移注意力去做其他的工作。

(5) 瞬间突破阶段：经过反复思考、试验、探索之后，从错综复杂的联想中突破性地顿悟，通过顿悟来解决问题，这一顿悟犹如瞬间灵感。这是创作过程的最高阶段。

(6) 验证阶段：产生的预感或是灵感都要经过逻辑推理加以肯定或否定，对解决问题的新想法进行证明和检验，看其是否正确和具有价值。例如，经过精心讨论设计出来的方案或是设计图，可以通过实验或试制来完善创造性成果。

第二节　服装与服饰品创新设计思维的特点

创新设计思维是一种以人为本、以目标为导向的思维模式，也是一套实现创新设计的方法论和工具，使得创新可以实现非线性流程化。创新设计思维树立了任何问题都可能找到解决方案的开放心态，它以感性思维为核心，用理性思维来协助；提倡用手思维，快速反应，迭代完善。面对复杂和不确定性的商业环境，创新设计思维对于创新创业者非常重要。创新设计思维不是头脑风暴时的灵光一现，更不是与生俱来的智慧，而是可以经过后天培养习得的才能。也就是说，你可以不是设计师，但你可以学会像设计师一样思考和解决问题。

创新设计思维＝商业思维＋设计思维。商业思维强调的就是逻辑思维和分析。设计思维既是一种思维方式，又是一套工具。创新设计思维让我们的商业头脑冷静下来的同时，也让我们的创意头脑清醒起来。

创新设计思维具有以下特征。

一、客户中心（换位思考）

创新设计思维的第一大特征就是以客户为中心，就是要完全站在客户的角度考虑问题，要有同理心即换位思考。换位思考是指在人际交往过程中，能够体会他人的情绪和想法、理解他人的立场和感受，并站在他人的角度思考和处理问题。它主要体现在情绪自控、换位思考、倾听以及表达尊重等与情商相关的方面。比如，用病人的身份进行体验，发现病人需要什么，并以此为依据设计医院的流程，使得病人看病时尽量少耗费精力在各科室间走动，这就是以客户为中心。

二、目标导向（顶层设计）

目标导向即忘掉现状和自己的角色职责，设计一个极致的、美好的未来场景，发现现状与未来美好目标的差距，理解达到未来美好目标存在的瓶颈，寻求解决瓶颈的方案，从而获得实现这个目标的解决方案。例如，在探讨如何降低割草机噪声时，不是考虑如何添加润滑剂、增加减震系统等，而是想象未来如何不需要割草机。结果最后想到可以使用化学药品或者通过转基因技术使得草的 DNA 发生变化，从而使草不再长高，这样也就不需要割草机了。这时瓶颈就出现了，如何研发出这样的化学药品或转基因技术就变成了最重要的事情。

三、右脑思维（天马行空）

如果希望创意更有新意，就需要更离奇的、天马行空的解决方案，这时就需要充分发挥右脑的作用，利用右脑思维。比如，在超市购物时，天马行空的想法是客人买东西不需要到超市，而是借助“物联网”“大数据分析”“云技术”来实现家里的厨房和卫生间的传感器将数据直接传给超市，然后，超市根据客户的需求进行补货，快递到家。

四、民主集中（集思广益）

民主集中即广泛征集大家的建议和意见，集思广益、进行汇总，当别人提出想法时，不批评、不议论、不评价，然后在别人想法的基础上获得更优化的想法，最后达成更有效的创新方案。这是创新思维的重点。进行发散思维还需要主题聚焦，最后将大家的想法、点子进行集中，获得有用的创意。

五、开放心态（万事皆可）

在整个创新设计思维的过程中，一定要具有开放的心态，认为万事皆有可能，所以不批评、不议论、不说“不可能”、不说“你错了”等。因为大家认为的“不可能”，主要是按照常规认为的“不可能”，而这样就很难创新，如果将大家认为的“不可能”变成“可能”，才会实现创新。所以一定要具有开放的心态，接受任何天马行空的点子。

六、变换角度（重新审视）

重新审视讨论的主题，如果一条道路不容易走通时，就可以换一条道路。变换一个角度考虑问题，往往有意想不到的好创意。比如，当客户认为产品价格太高时，一般企业就开始打折，如果换一种模式，如增加客户的增值服务而不是打折，这样就会更有竞争力。再如，在很多情况下，获得的客户需求不一定具有普遍规律，如果从客户的需求出发，获得的产品设计往往是很平庸的，没有新意，那么设计出来的产品或者服务是没有客户买单的。从客户的需求出发设计出客户喜欢的产品，是需要设计师掌握的非常重要的本领。

七、道术结合（直观逻辑）

创新设计思维是设计思维与逻辑思维相结合的产物，设计师不但要学会利用逻辑思维，还需要具备感性思维。如将科学家和艺术家的思维相结合、将左脑和右脑相结合、将流程和工具相结合，就是将中国传统文化下的“道”和西方精细化管理的“术”相结合，会发现有意想不到的结果。

八、超越现实（打破常规）

在很多情况下，大家都认为不可能的时候，尝试打破常规往往能寻求到转机。大胆的想法往往来自打破常规。比如，餐厅提供就餐服务，客人根据餐饮消费付款。如果打破常规，餐厅就不提供就餐服务，而是提供做饭的厨房，客人自己体验或者自助做饭，餐厅按时收费，而且餐饮免费。这样就可以产生创意。

九、众商团队（群策群力）

在创新设计思维的过程中，需要集思广益，最好就像 IDEO 公司项目组一样，由各个不同行业的人员组成设计团队。IDEO 公司创新团队中的人员包括心理学家、语言学家、艺术学家、物理学家、数学家、工程师等，这样可以整合成为“T”形人才的团队，他们各自给出完全不同的建议和想法，再进行讨论，获得大家公认的最佳方案。

十、原型设计（用手思维）

创新设计思维的最大的特征之一，就是“快速原型法”。从直觉出发，获得一个创意后，快速做出原型。原型不必精致和完美，可以粗糙和简单，但是要能够直观地帮助测试和检验解决方案的可行性和合理性。

十一、反复迭代（做成做好）

先将事情做成，再将事情做好。对于很多创业公司来说，他们一开始没有自己的产品，需要研发一款快速赚钱的产品，这时快速开发产品非常重要，要先将事情做成，然后再将事情做好。先开发一款产品，快速上市，与客户共同成长，从客户的反馈和投诉中了解客户的需求，从而调整自己的产品。也可以让客户参与自己的研发过程，以达到快速实现产品优化的目标。在做的过程和用的过程中进行调整和优化，最怕的是设计出自认为最完善的方案后，竞争对手早已占领了市场。

十二、故事讲述（角色扮演）

创新设计思维旨在洞察人心，然后根据洞察结果撰写并讲述精彩绝伦的故事。营销人员喜欢这些故事，客户信任这样的故事。很多公司都会使用这一方法，为客户打造美妙的技术产品体验，将丰富多彩的故事完美转化为营销资源和品牌对外传播的妙招。

创新设计思维是一种极为注重人性的科学，用来调动人们都具备，但被传统解决问题的方式所忽视的能力。创新设计思维依赖直觉能力、辨识模式的能力、构建创意以实现情感共鸣和实用功能的能力，以及通过文字或符号以外的方式来表达自我的能力。仅凭感觉、直觉和灵感是无法管理企业的，但过于依赖理性和分析也同样有风险。创新设计思维就是逻辑思维和设计思维的组合，是兼顾二者的第三种思维方式。

第三节　服装与服饰品创新设计思维的形式与类型

一、创新设计思维的形式

（一）科学思维与艺术思维

科学与技术是两个不同的概念，技术往往是另一种方式、过程和手段；艺术既可以是方式、过程和手段，又可以指艺术品、艺术现象。技术是创造表现形式的手段，是创造感觉符号的手段。技术过程是达到以上目的而对人类技能的某种应用。

艺术思维的成果是丰富的、富有魅力的，带给人前所未有的体验。画家通过视觉语言来表达，而音乐家以听觉的方式表现世界，文学家则以语言描绘人物。因此，艺术思维的材料反映了事物属性的各种表象。但是，整个艺术思维又离不开科学思维的指导，灵感并非凭空而来，而是在经验或长期的逻辑分析的基础上形成的。

（二）理性思维与感性思维

理性思维是感性思维的高级阶段，感性思维是理性思维的基础，两者相互渗透、互相转化。感性思维包含理性思维，理性思维又含有感性思维，这是因为感性思维要用概念等理性思维的形式来表达，需要在理性思维的参与下进行。理性思维不但要以感性思维为基础，而且还必须通过感性的认识来说明，也就是说，它要以感性材料为基础并以语言这种具有一定声响或文字的感性形式来表达。

产品创新设计中的理性思维就是在设计中的感性知觉的启发引导下，使设计师的感性直觉、灵感经过实践的检验、深化和发展，从而客观地把握和依照产品设计的原则、程序步骤，一步一步地具体实施产品设计，是设计师在思考和解决产品设计中所遇到的问题时遵循的原则的思维方式。

设计的表现形式的步骤大概分为：构想→草图→分析→定稿，将“构想＋草图”定为“感性思维”下的产物；“分析＋定稿”定为“理性思维”下的产物。概念即感性思维，方法论即理性思维，两者是互相影响、互相制约的关系。

（三）发散思维与收敛思维

创造性思维是发散思维和收敛思维的统一。美国心理学家吉尔福特认为，创造性思维有两种认知加工方式：一种是发散性认知加工方式，简称DP；另一种是与它相反的收敛性认知加工方式，简称CP。DP在于能提出尽可能多的新设想，CP在于能从中找出最好的解决方案。所以，从这个意义上说，创造性思维也可以说成是一种以DP为操作核心、CP为判别手段、DP与CP有机结合的思维创造方式。

发散思维又称为求异思维或辐射思维，是指从某一对象出发，把思路向四面八方发散，探索多种解决设计问题方案的思考方式。发散思维可以突破思维定式和功能固着的局限，重新组合已有的知识经验，找出许多新的、可能的解决问题方案。它是一种开放性的，没有固定的模式、方向和范围的，可以“标新立异”“海阔天空”“异想天开”的思维方式。同时，它不受现有知识和传统观念的局限与束缚，是沿着不同方向多角度、多层次去思考、去探索的思维形式。在设计构思过程中的“发散”如同渔翁撒网，网撒得越宽，可能网到的鱼就会越多。联想得越广、越多，设计构思方案也就越多。这样，解决设计问题的方案可以从量上得到保障。没有发散思维就不能打破传统的条条框框，也就不能提出全新的解决问题的方案。

1967年，吉尔福特和他的助手们着重对发散思维进行分析，提出了发散思维的三大特征。

（1）流畅性。发散思维的量，单位时间内发散的量越多，流畅性越好。

（2）变通性。思维在发散方向上所表现出的变化性和灵活性。

（3）独创性。思维发散的新颖、新奇和独特的程度。

例如，设想“清除垃圾”有哪些方式？可以提出“清扫”“吸收”“黏附”“冲洗”等手段。在有限时间内，提供的数量越多，说明思维的流畅性越好；能说出不同的方式，说明变通性好；说出的用途是别人没有说出的、新异的、独特的，说明具有独创性。发散思维的这三个特征有助于人消除思维定式和功能固着等消极影响，顺利地解决创造性问题。

收敛思维又称为集中思维，它具有批判地选择的功能，在创造性活动中发挥着集大成的作用。当通过发散思维提出种种假设和解决问题的方案、方法时，并不意味着创造活动的完成，还需从这些方案、方法中挑选出最合理、最接近客观现实的设想。也就是说，设计构思仅有发散思维而不加以收敛，仍不能得到解决问题的良好方案，没有形成创造性思维的凝聚点，最后还需要运用收敛思维，产生最佳且可行的设计方案。

我们要解决某一具有创造性的问题，首先得进行发散思维，设想种种可能的方案，然后进行收敛思维，通过比较分析，确定一种最佳方案。一个创造性问题的解决要经历上述的多次循环，直到解决问题为止。在创造性思维中，发散思维与收敛思维都是非常重要的，二者缺一不可。

（四）抽象思维和形象思维

抽象思维是相对于形象思维而言的，它是运用抽象语言进行的思维活动，是认识过程中反映事物共同属性和本质属性的概念，作为基本思维形式，在概念的基础上进行提取、推理，反映现实的一种思维方式。这种思维的顺序是从感性个别到理性一般，再到理性个别。

形象思维是通过实践由感性阶段发展到理性阶段的，最后完成对客观世界的理性认知。在整个思维过程中都不脱离具体的形象，通过想象、联想等方式进行思维。人类对事物的感知最初是通过感觉器官进行的，这些事物的信息以各种形式的形象作为载体，通过感觉器官传达给人类大脑，从而形成诸如视觉、听觉、味觉、触觉、嗅觉等感觉形象类型。没有了形象，设计艺术就没有了思维载体和表达语言。

一般认为，形象思维具有以下四个特征：

（1）形象性。形象思维所用材料的形象性，亦指具体性、直观性。

（2）概括性。形象思维通过对典型形象或概括性的形象把握同类事物的共同特征。

（3）创造性。一切现有物体的创新和改造，一般都表现在形象的变革上，它依赖于形象思维对思维中的形象加以创造和改造，而且在用形象思维的方式来认识一个现存的事物时也不例外。

（4）运动性。形象思维作为一种理性思维，它的思维材料不是静止的、孤立的、不变的，而是能提供各种想象、联想与创造性的构思，促进思维的运动，使得思维者对想象进行深入的研究分析，获取所需的知识。

二、创新设计思维的分类

（一）列举创新

1. 列举创新的内涵

所谓列举创新，就是将一个行为、想法或事物的各个方面的内容一一列出并进行创新。列举者将对象进行分解，拆分成单个要素，要素可以是事物的组成元素、特性或优缺点，也可以是该要素所包含的各种形态。列举者可针对拆分要素，产生全新的方案。

2. 列举创新的方法

常用的列举创新方法包括属性列举法、希望点列举法、缺点列举法等。

（1）属性列举法。任何事物都具有其内在属性，完美的事物并不多见，都存在改进创新的空间，但从整体入手，往往目标分散，过于笼统，难以发掘创新点。属性列举法是一种化整为零的创意方法，它将事物划分为单独的个体，逐一击破。有时，某些研究对象呈现的矛盾看似微不足道，却能从改善小问题中体现设计师的人文关怀。

（2）希望点列举法。人们始终在追求完美，在使用产品的过程中，用户常常会对产品抱有自己的期望。在人的生理和心理永远不满足的背后，隐藏的是事物不断涌现的新问题和新矛盾。希望点列举法不是改良，它不受原有产品的束缚，而是从社会和个人愿望出发，主动、积极地将对产品的希望转化为明确的创新型设计。

许多产品都是根据人们的“希望”设计出来的。在用户、设计师以及社会的希望下，发挥设计师的主观能动性进行创新设计。

（3）缺点列举法。缺点列举法就是通过发现、发掘现有事物的缺陷，把它的具体缺点一一列举出来，然后针对发现的缺点，有的放矢地设想改革方案，从而有效地解决缺点，确定创新目标。解决缺点意味着选择亟待解决或是最容易下手、最具实际意义的内容作为创新主题来进行的产品改良设计。虽然生活中充满了问题，但人是一种“惯性动物”，对事物的缺点总是很“宽容”。因此，设计师要练就发现事物主要矛盾的能力，并以主要矛盾为关键进行相关产品的设计。

人们设计制造的产品总会有各种缺点，原因如下：

①局限性。在设计产品时，设计人员往往只考虑产品的主要功能，而忽视其他方面的问题。

②时间性。随着科学技术的进步和时间的推移，有的产品从功能、效率、安全以及外观上落后了。如果我们能够对习以为常的事物“吹毛求疵”，找出不方便、不顺当、不合意、不美观的缺点，并找出克服缺点的办法，然后采用新的方案进行革新，就能创造出新的成果来。因此，设计师需要及时发现产品的不足，并加以调整以使产品更加完美。

③空间性。产品在特定的使用场景会有其专属功能，随着使用场景的转化及用户需求的转化，产品出现不适应的状态，缺点便暴露了。因此，随着产品使用空间、场景的改变，产品属性及功能也会发生变化。

在缺点列举法的应用中，通常就是去发现事物的缺点，并找到解决方法。

①了解产品，找到其缺点，可从产品外观、功能及操作方式等方面入手。

②对缺点进行分析，找到解决方案。

③产品优化设计。

3. 列举创新的应用方法

（1）集体讨论——创意发动机

①明确主题，召开列举创新讨论会议。每次会议可有 5～10 人参加，确定一位会议主持人。

②会前由主持人选择一件需要创新设计的产品作为主题，通常情况下，外向型主题比局限性的内向型主题更容易激发创意。

③积极讨论，激发创意。参会者围绕主题展开讨论，鼓励大胆创新，可以将每个人提出的列举点写在便笺纸上，并贴在黑板上。

④计算会议的创意数量，讨论出产品 50～100 个创意点，即可结束会议。

⑤会后，将提出的各种列举创新点进行整理，并从中挑选出有可能实现的创意进行深入研究，并制订产品开发方案。

（2）学会观察，发现问题

设计师首先应该是个细微生活的敏锐观察者、主动的思考者与聪明的实践者。观察按表面意思来看就是观看、洞察，最简单的方法是用眼睛去看、去发现，是一种运用个人的感官并辅助相关的科学手段去感知、记录行为及其与周围环境关系的方法。观察不仅是一个看的过程，同时也是一个去发现问题、创造新产品的过程。

①观察本身就是一种体验。

②亲身实践是改进或创造突破性产品的关键第一步。

③零星观察可发现“蛛丝马迹”，这可能会产生新的火花。

④无论是科技、艺术或是商业，灵感往往来源于“贴近实际的行动”。

⑤有时不要强调“避免蠢的问题”，有些“陈词滥调”也许有道理。

⑥不能想当然来代替现场考察。

⑦许多灵感来源于对生活的细心观察。

⑧不要对成百上千精选用户所填写的详细资料或群体调查有多大的兴趣，相反，跟踪几个有趣的人，善于发现“敢于突破规则的人”。容忍他们的“疯狂”，因为循规蹈矩不想丝毫改变的人起不到太大作用。

⑨“用动态的眼光看产品”，将名词变成动名词也许会发现意想不到的问题。

（二）组合创新

1. 组合创新的含义

将现有的科学技术原理、现象、产品或方法进行组合，从而获得解决问题的新方法、新产品的思维方法，称为组合法。例如现如今的手机是打电话、拍照、上网等功能的结合。组合创新可以将有一定关联的两种和多种产品有机结合或者以一种产品为主把其他产品的不同功能移植到这种产品中，组成一种新的产品。新的产品具有全新的功能或使用起来更加快捷。

2. 组合创新的误区

在进行组合创新的过程中，应避免以下误区：

（1）组合创新不是将毫无关联或不相干的产品硬性结合，甚至生搬硬套。

（2）并不是所有的新组合都是创新，创新的组合应该是那些与现有的某些产品或技术有较大区别并具有一定价值的组合。

3. 组合创新的方法

组合创新的方式有很多种，如不同功能的产品可以组合，不同材料或加工工艺的产品可进行组合，不同技术的产品也可进行组合。对组合创新的形式进行分类，基本分为同类组合和异类组合。

（1）同类组合。同类组合是组合法中最基本的类型，它往往是两种或两种以上相同或相近的技术思想或物品组合在一起，获得功能更强、性能更好的新的产品。

（2）异类组合。包括材料组合、功能组合、技术或现象组合等多种形式。

①材料组合。现有材料不能满足产品创新需求或具有某种缺陷，而与另一种不同性能的材料进行组合创新。

②功能组合。将两个具有不同功能的产品进行组合，形成新的产品，使其拥有两个产品的共同优点。

③技术或现象组合。将不同的技术原理结合，并应用于产品设计中。

4. 组合创新的步骤

组合创新的一般步骤如下：

（1）确定设计对象以及设计对象的主要组成部分，编制形体特征表。确定的基本因素在功能上应是相对独立的。

（2）元素分析。提取产品的特性元素，对其分析。

（3）元素组合。根据设计对象的总体功能要求，分别把各因素一一加以排列组合，以获得所有可能的组合设想。

（4）评价选择最合理的具体方案。选出较好的设计方案后，进一步具体化，最后选出最佳方案。

（三）仿生创新

1. 仿生学与仿生设计

仿生学是研究生物系统的结构和性质，为工程技术提供新的思想观念及工作原理的科学。仿生学作为一门独立的学科，诞生于1960年9月。第一次仿生学会议在美国俄亥俄州召开，并把仿生学定义为“模仿生物原理来建造技术系统，或者使人造技术系统具有类似于生物特征的科学”。

仿生学自问世以来，它的研究内容和领域迅速扩展，学科分支众多，如电子仿生、机械仿生、建筑仿生、化学仿生、人体仿生、分子仿生、宇宙仿生等。无论是宏观还是微观仿生学的研究成果都为人类科学技术的发展和生活幸福做出了巨大的贡献。

某种意义上，仿生设计也是仿生学的一种延续和发展，一些仿生学的研究成果是通过工业设计的再创造融入人类生活的。但仿生设计更主要的是运用工业设计的艺术与科学相结合的思维与方法，从人性化的角度，不仅在物质上，更在精神上追求传统与现代、自然与人类、艺术与技术、个体与大众等多元化设计融合与创新。仿生设计的内容是模仿生物的特殊本领，利用生物的结构和功能原理来设计，主要有形态、功能、色彩、结构、肌理等方面的仿生设计。

虽然仿生设计强调“仿生”，但是仿生设计基础构成的核心是工业设计专业基础知识与能力，主要包括平面与立体的基础造型能力、设计表达能力、形态认知与设计思维知识、设计方法学、设计原理与程序等。这其中尤其强调与形态相关的认知、创造与评价的基础知识与能力的构建。另外，仿生设计还需要自然与社会科学知识的支持，如人机工程学、材料学、心理学、美学、仿生学、生物学等。所以，进行仿生设计需要先期的知识积累与准备，这样才能更好地发现生物的设计价值并把握机会进行设计的再创造。

2. 仿生设计的内容

（1）仿生物形态的设计

自然生物体，包括动物、植物、微生物、人类等所具有的典型外部形态的认知基础上，寻求对产品形态的突破与创新。仿生物形态的设计是仿生设计的主要内容，强调对生物外部形态美感特征与人类审美需求的表现。

仿生物形态设计如下：

①记录、描绘与抽象、概括生物的形态特征。

②直接模拟生物的特征。

③生物特征的间接模拟与演变设计。

（2）仿生物表面肌理与质感的设计

肌理是物象表面质地的肌肤与纹理，包括纹理、颗粒、质地、光泽、痕迹等多种视觉表象，是各种物象不同触感的表层组织结构，是物象的一种客观存在表现形式，并具体入微地反映出不同物体的差异。

大自然中存在着大量不同的生物肌理，甚至一种生物就可能有好几种截然不同的色彩花纹与肌理。随着现代技术的发展，人们对自然科学的重视程度越来越高，但至今为止仍仅研究了其中微不足道的一小部分，还有大量有趣的、未知的肌理有待人类研究及利用。

自然肌理作为一种设计模拟素材的处理手段，是全面体现物体表面质感特性，体现被设计物的品质及风格的一项不可或缺的视觉要素，其成功的运用甚至能被人们作为特定的风格及样式所肯定，并将它作为时尚前沿的组成部分。

利用生物的肌理与质感是仿生产品设计的重要内容。自然生物体的表面肌理与质感，不仅是一种触觉或视觉的表象，更代表某种内在功能的需要，具有深层次的生命意义，通过对生物表面肌理与质感的设计创造，增强仿生设计产品形态的功能意义和表现力。

（3）仿生物结构的设计

生物结构是自然选择与进化的重要内容，是决定生命形式与种类的因素，具有鲜明的生命特征与意义。结构仿生设计通过对自然生物由内而外的结构特征的认知，结合不同产品概念与设计目的进行设计创新，使人工产品具有自然生命的意义与美感特征。

产品的结构是指用来支撑物体和承受物体重量的一种构成形式。任何形态都需要一定的强度、刚度和稳定的结构来支撑。结构与功能有不可分割的关系，功能是结构存在的必要前提，结构是实现功能的重要基础，两者相辅相成，缺一不可。

结构普遍存在于大自然的物体中。生物想要生存，就必须有一定的强度、刚度和稳定性的结构来支撑。一片树叶、一面蜘蛛网、一只蛋壳、一个蜂窝，看上去它们显得非常弱小，有时却能承受很大的外力，抵御强大的风暴，这就是一个科学合理的结构在物体身上发挥出的作用。在人们长期的生活实践中，这些合理的、自然界中的科学结构原理逐步被人们所认识，并最终获得发展和利用。

（4）仿生物色彩的设计

不同的生物由于不同的时间、不同的环境、不同的目的都会有不同的色彩。不仅如此，每一块色彩都具有特殊的、不可替代的存在价值与地位，并相互之间形成特定意义。古希腊时期对色彩的研究有“色彩是物质的最初表现形式”的表述。对自然生物来说，色彩首先传达的是生命的意义。

对生物色彩客观特征和自然属性及意义的模拟，在仿生学的领域里有许多研究成果和成功的应用案例。例如，科学家通过对蝴蝶缤纷的色彩，尤其是对翼凤蝶的荧光色丰富的变换特征的研究，利用蝴蝶的色彩在花丛中不易被发现的道理，在军事设施和军服上覆盖蝴蝶色彩模拟生物的色彩伪装功能。对产品设计来说，生物色彩的模拟主要是在客观认知生物色彩的基础上，直接利用生物色彩的要素、形态、功能等关系特征，结合产品概念特征和设计目标的需要，对生物色彩的客观、自然特征和意义进行较为直观的模拟。自然生物的色彩首先是生命存在的特征和需要，对设计来说，更是自然美感的主要内容，其丰富、纷繁的色彩关系与个性特征，对产品的色彩设计具有重要意义。

（5）仿生物意象的设计

生物的意象是在人类认识自然的经验与情感积累的过程中产生的，仿生物意象的设计对产品语义和文化特征的体现具有重要作用。

仿生物意象产品设计是在对生物意象认知的基础上，通过产品体现人类对于自然中某一特定的生物形态的特定心理情感和审美反应，赋予产品丰富的语义和表情特征。

仿生物意象产品设计一般采用象征、比喻、借用等方法，对形态、色彩、结构等进行综合设计。在这个过程中，生物的意象特征与产品的概念、功能、特征以及产品的使用对象、方式、环境特征之间的关系决定了生物意象的选择与表现。

3. 仿生设计原则

（1）艺术性与科学性相结合。尊重客观审美规律的同时，应用先进的科学技术进行设计的产品化与商品化。

（2）功能性。产品合理、有效的基本功能和方便、安全、宜人等多层次功能的综合体现。

（3）经济性。满足标准化、批量生产的产品设计，同时延长使用寿命、方便运输、维修及回收。

（4）创造性。在概念、思维、方法、表现、使用等方面的独创性。

（5）需求性。对不同的时间、地点、环境、年龄、人群等多元化需求的差异性设计，满足并创造需求。

（6）系统性。对产品系统的认识、把握与创造。

（7）资源性。通过设计追求自然资源、设计资源的无限可逆性循环利用。

4. 仿生设计的方法

设计的创造性思维是仿生设计的基础与核心。仿生设计是凭借设计师感性与直观的思维方法来主导设计方案，并采用理性与推理的思维方法来进行系统性、关联性的价值分析与评价。主要步骤如下：

（1）寻找原型。

（2）对原型的认知及理解。

（3）概念发散。

（4）概念表现。

（四）联想创新

1. 联想创新的概念

什么是联想思维？马克思主义的认识论告诉我们：由一事物想到另一事物的心理进化过程是联想；联想过程的多元化多层次比较、发展和完善过程则谓之联想思维。美国学者威廉·戈登是现代拟喻创造法的创始人，他说过，天底下万事万物都是相互联系的，而创造过程其实就是制造出、想象出事物之间的这种联系。经验表明，联想思维是人类的一种高级思维方法。作家写长篇巨著，诗人写抒情散文，音乐家创作狂想曲等，都必须具备丰富的联想力，并运用联想思维实现理想的创作意境。任何事物都存在联系，有时设计师把毫不相关的事物强制性地放在一起联想，在不同中寻找相同，反而产生出充满吸引力和戏剧性的结果。

创新思维的联想，不是胡乱的瞎想，联想创新是把一种掌握的知识与某种思维对象联系起来，从其相关性中得到启发，从而获得创造性设想的思维形式，是综合了设计师过去的经验而形成的。在现在已经存在的形象的基础上通过联想形成新的形象，这就需要资料的广泛收集，掌握市场上同类产品和类似产品的信息。只有收集到更多全面的资料，认真分析，这样才有利用确定新产品的发展方向和趋势，找出设计中的主要切入点和创新点，从而为联想提供丰富的材料和想象的基础，确定产品创新的成功率。

2. 联想创新的方法

（1）接近联想法。设计者或发明者在时间、空间上联想到比较接近的事物，从而设计出新的产品或项目，叫作接近联想法。

（2）对比联想法。发明者由某一事物的感知和回忆引起跟它具有相反特点的事物的回忆，从而设计出新的发明项目，称为对比联想法。

（3）发散联想法。在人们的心理活动中，一种不受任何限制的联想，这种联想往往能产生较多出奇、古怪、天马行空的概念，可能会收到意想不到的效果。

（4）强制联想法。强制联想法对联想的过程和事物具有较多的限制条件，对联想的范围或条件进行要求。

3. 联想创新的操作方法

（1）任意选择一件实物、一幅图画、一种植物动物，选择的项目与要解决的问题相差越远，激发出创新观念或独特见解的可能性越大。

（2）详细列出你选择的项目的属性。

（3）想出要解决的问题与选择的项目属性之间的相似性，用新观念与见解去打开禁锢头脑创造力的枷锁，使思路开阔。

（五）逆反创新

1. 逆反创新的概念

逆反创新指采用与一般显示不同的或是相对立的思维方式，运用反向选择、突破常规和矛盾转化等方法获取意想不到的结果。

2. 逆反创新的操作方法

（1）选择任意一件产品。

（2）对所选的产品有全面的了解。

（3）选取一个角度，如使用方式，或者表现形式，采取一种不同于常规的认知，用一种全新的思想去进行设计，使其产生意想不到的效果。

（六）类比创新

1. 类比创新的概念

类比创新是指将两类事物加以比较并进行逻辑推理，比较两类事物之间的相似点或者不同点，采用同中求异或者异中求同的方法实现创新的一种技法。

2. 类比创新的方法

类比创新具有以下四种形式：

（1）直接类比法。直接类比法是从已有的产品或现象中，找到与创新对象类比的现象或事物，从中获得启示，从而设计出新的产品。

（2）间接类比法。间接类比创新是指用非同一类的产品进行类比，进行产品创新。使用间接类比法，可以扩展思维，从多角度进行创新。

（3）象征类比法。以事物的形象或者用能抽象表达出反映问题的词来类比问题，间接反映和表达事物的本质，以启发创造性设想的产生。

（4）幻想类比法。幻想类比法是指通过幻想思维或者形象思维对创新对象进行比较从而寻求最佳的解决方案。

3. 类比创新的操作方法

（1）选择类比对象。

（2）对相似点进行比较。

（3）加工与运用。

（七）换位思维

1. 换位思维的内涵

IDEO 总裁兼首席执行官蒂姆·布朗认为，设计思维是一种以人为本的创新方式，它提炼自设计师积累的方法和工具，将人的需求、技术可能性以及对商业成功的需求整合在一起。

（1）理解以人为本。以用户为中心的设计是一种设计产品、系统的思想，它将人置于开发设计的中心。这种方法最先是在人机界面的人机工程学研究中提出的，试图设计出更加友好的人机界面。在产品设计中，设计师同样需要换位思考，从用户的角度出发来理解开发的产品。

（2）产品设计中的用户。有关“用户”的定义是多样的，西北工业大学李乐山教授认为：“产品的使用者就是用户。”这包括个人产品、消费产品或服务类产品的使用者或接受者。

（3）从理解用户到获取用户需求。IDEO 是一家美国商业创新咨询公司。运用以人为本的方式，通过设计帮助企业和公共部门进行创新并取得发展。观察人们的行为，揭示潜在需求，以全新的方式提供服务。设计师从观察生活、体验生活中获取灵感。通过观察，去亲自看看目标用户与产品、与周围的环境是怎样互动的，去看看人们如何使用产品，发现一些细节，可能也就是这些细节和被常人所忽略掉的行为，恰恰是设计师的一些切入点。

2. 换位思维的操作方法

（1）对客户有全面了解，包括其偏好、生活习惯以及一些人机数据等。

（2）将所了解到的信息与所要设计的产品相融合进行设计。

（八）系统思维创新

1. 系统思维的内涵

系统是一个外延甚广的概念。一切相互影响或联系的事物（物体、法则、事件等）的集合都可以视为系统。对于工业设计而言，关键的问题不在于对系统作出严密的定义，而在于对系统内涵及特性的理解，以利于正确掌握和领会系统论设计思想和方法，指导设计实践。一般而言，可以把系统理解为：由相互有机联系且相互作用的事物构成，具有特定功能的一种有序的集合体。

（1）系统是由多个元素或事物组合而成的。单一的零件、元素或步骤不能称为系统。

（2）一个系统中的组成元素之间是相互作用、相互依存的关系。

（3）一个系统中可以包含诸多子系统。

系统思维创新，其核心是把工业设计对象以及有关的设计问题，如设计程序与管理、设计信息资料的分类整理、设计目标的拟定、人—机—环境系统的功能分配与动作协调规划等视为系统，用系统论和系统分析概念和方法加以处理和解决。

2. 系统思维的操作方法

（1）对所要设计的产品，进行合理性与可行性考察。

（2）将存在的难点疑点列出。

（3）讨论分析，寻找改进措施，最后进行产品设计。

第四节　服装与服饰品创新设计思维的应用

一、创新设计思维应用的步骤

创新设计思维是一套实现创新设计的方法论和工具，其核心是以客户为中心的创新思维。企业既要提供以知识为基础、以流程为驱动的支撑，又要实现基于模型的研发设计过程、资源、方法和规则的抽象，实现感性直觉与理性逻辑的有效融合，为设计创新提供灵感捕获、知识辅导、规则校验和价值评估的能力。企业应该按照三个阶段开展设计研发和交付工作。

探索阶段。在项目立项初期，针对企业研发设计资源缺乏统一管理，共享和重用效率低，与研发流程融合不足，无法在产品全生命周期中发挥核心价值等背景问题进行深入研究。站在企业产品设计最终用户的角度去观察，初步确定核心问题是解决企业研发设计资源集成与共享的平台，因此项目将平台的研发和交付作为项目创新的主题。

设计阶段。通过示范应用单位的遴选，深入开展业务需求调研，站在设计师的角度，发现设计资源集成共享中的痛点、难点。核心需求是企业研发设计资源空间构建与集成共享、分布式研发设计资源集成管理与共享、支持协同创新的研发设计流程与资源融合、企业研发设计资源集成管理与共享平台开发及应用和基于研发设计资源集成管理与共享平台的协同研制环境构建与应用等。据此，结合技术人员、行业专家开展设计工作，明确重点攻关技术和实现内容。

交付阶段。首先是成立由业务、技术和管理人员构成的联合研发团队，积极开展设计创新。通过研讨、走访和论证，确定各课题的重点内容和交付方式，并明确各交付物间的依赖关系。计划通过企业的示范应用，不断优化和完善平台，进一步构建研发设计资源与研发流程深度融合的产品协同研制环境，在企业开展深化应用，支持各类异构数据集成，实现跨系统、跨组织的设计资源等的有效管理和综合利用。

基于创新设计思维三个阶段的指导，目标是与客户一起协同创新，以客户为中心，完全站在客户的角度考虑问题，就是同理心，通过移情、神入，完全进入他人的境界和情感。为了获得真正的创新设计思维，而不是以纯粹的逻辑思维解决问题，首先要做到不考虑研究问题的现状和参与者的身份，要完全站在最终用户的角度设计一个美好的未来，也就是顶层设计。保持积极向上的心态，想办法找方案，而不是找理由推脱责任。在整个创新设计思维的过程中，一定要具有开放的心态，认为万事皆可能。所以，应该坚持不批评、不议论、不说“不可能”“你错了”等原则，因为大家认为的不可能是按照常规思维得到的结论，这样就很难创新，如果将大家认为的不可能变成可能，才会实现创新。创新设计思维的最大特征之一就是“快速原型法”，先将事情做成，然后将事情做好。将客观的、合理的、按照逻辑推理的、追求相对稳定的、利用分析和相应规划实现的商业思维与主观的、换位思考的、按照感情探索的、追求新奇的、利用体验和通过行动解决的设计思维紧密结合起来，再加上忘掉现状和问题而寻求美好未来，三者平衡利用就产生了新的思维模式——创新设计思维模式。在形成创新设计思维的过程中，需要集思广益，从智商（IQ）到众商（WeQ），最好像 IDEO 公司项目组一样，由不同行业的人员组成设计团队，这样可以整合成为“T”型人才团队，各自给出完全不同的建议和想法，再通过集中讨论获得大家公认的最佳方案。简言之，广泛征集大家的建议和意见，集思广益，然后进行汇总，当别人提出想法时，不批评、不议论、不评价，而是在别人想法的基础上获得更有用的想法，才能获得更好、更有效的创新方案。

二、创新设计思维的应用方法

有效进行创新活动的常用思维方法，包括九屏幕法、小人儿法、金鱼法、STC 算子等。这些思维方法最突出的特点是具有可操作性、实用性强，可以更好地帮助使用者超越常规，克服思维定式，为解决创新过程中的疑难问题提供清晰的思维路径。

（一）九屏幕法

九屏幕法又称多屏幕法。根据系统论的观点，由多个具有相互作用的单元构成，可以实现一定功能的体系称为系统。系统具有层次性，构成当前系统的单元结构也可以自成一个系统，称为当前系统的子系统；当前系统之外更高层次的系统称为超系统。

明确了系统、子系统和超系统的含义，再来看九屏幕法的内涵。九屏幕法是一种思考问题的方法，是指在分析和解决问题的时候，不仅要考虑当前系统，还要考虑它的超系统和子系统；不仅要考虑当前系统的过去和将来，还要考虑其超系统和子系统的过去和将来，可以图形化地表示为图 2-1。

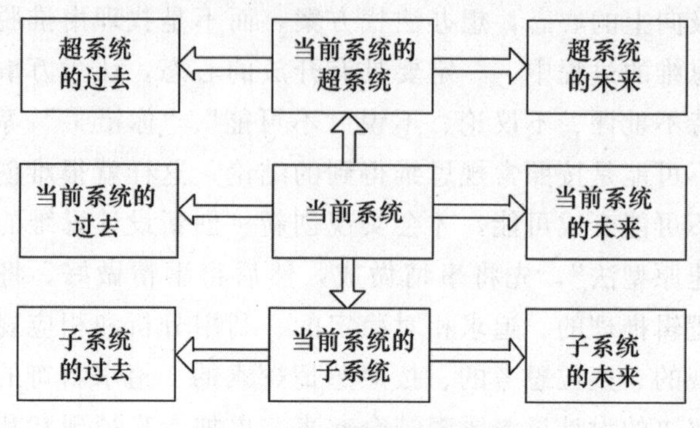

图 2-1　九屏幕法基本模型

九屏幕法围绕问题所在的当前系统，以时间和空间（系统构造层次）两个维度为基础，从多个层次、多个方位的相关因素中分析问题的症结，寻找解决问题的方案。它可以促使人们更全面、更有效地描述问题、查找原因、找出解决问题的新途径。

从系统层次化的空间结构的维度上进行分析。当前系统的“子系统”和“超系统”中的各种元素，包括物质、技术系统、自然因素及能量等，均可以考虑用以解决当前系统存在的问题。

以“当前系统”为核心，“当前系统的过去”和“当前系统的未来”是分别从问题发生之前和之后该系统的状态变化来分析问题的，考虑如何利用过去的各种资源来防止问题的发生，如何改变过去的状况防止问题的发生或减少当前问题的有害作用。同时，考虑当前问题发生后系统可能的状态变化，可能产生的新资源，以及如何改变以后的状况防止问题的发生或减少其有害作用。

与此类似，“超系统的过去”和“超系统的未来”，是指分析问题发生之前和之后超系统的状况，并设法利用和改变这些状况以防止或减弱问题的有害作用。同样，“子系统的过去”和“子系统的未来”则是着眼问题发生之前和之后的子系统状况，并从中找出解决问题的可用资源。

运用九屏幕法分析后，人们对于原有问题的认识会产生很大的改变，通常会获得一个或多个考虑问题的新视角，发现了系统内外没有被注意到的资源。本质上，九屏幕法只是一种分析问题的手段，它提供了更为全面的认识和分析问题的框架，体现了如何更好理解问题的一种思维形式。练习九屏幕法可以锻炼人的创造力，也可以提高人在系统水平上解决问题的能力。

（二）小人儿法

任何技术系统存在的目的都是完成某项或多项特定的功能，当系统内出现问题（矛盾或冲突）时，小人儿法能够克服工程师在解决问题时的思维惯性，使问题更好地解决。当系统内的某些组件不能完成其必要的功能，并表现出相互矛盾的作用时，拟定用一组小人儿来代表这些不能完成特定功能的部件，并令不同小人儿表示执行不同功能或具有不同的矛盾，通过能动的小人儿，实现预期的功能。然后，根据小人儿模型对结构进行重新设计。

小人儿法解决技术问题的流程包括：

第一步：分析系统和超系统的构成。

描述系统的组成，“系统”是指出现问题的系统，系统层级的选择对于分析问题和解决问题有很大的影响。系统层级选择太大时，系统信息不充分，为分析问题带来了困难；系统层级选择太小时，可能遗漏很多重要的信息。这时需要根据具体的问题，做具体分析。

第二步：确定系统存在的问题或者矛盾。

当系统内的某些组件不能完成其必要功能，并表现出相互矛盾时，找出问题中的矛盾，分析出现矛盾的原因是什么，并确定矛盾的根本原因。

第三步：建立问题模型。

描述系统各个组成部分的功能（按照第一步确定的结果描述），将系统中执行不同功能的组件想象成一群一群的小人儿，用图形的形式表示出来，不同功能的小人儿用不同的颜色表示，并用一组小人儿代表那些不能完成特定功能的部件。此时的小人问题模型是当前出现问题时或发生矛盾时的模型。

第四步：建立方案模型。

研究得到的问题模型（有小人儿的图），将小人儿拟人化，根据问题的特点及小人儿执行的功能，赋予小人儿一定能动性和“人”的特征，抛开原有问题的环境，对小人儿进行重组、移动、剪裁、增补等改造，以便矛盾的实现解决。

第五步：从解决方案模型过渡到实际方案。

根据对小人儿的重组、移动、剪裁、增补等改造后的解决方案，从幻想情景回到现实问题的环境中，将微观变成宏观，实现问题的解决。

小人儿法的应用重点、难点在于小人儿如何实现移动、重组、裁剪和增补，这也是小人儿法的应用核心。其变化的前提是必须根据执行功能的不同给予小人儿一定的人物特征，才能实现问题的解决，而激化矛盾有利于小人儿的重新组合。

（三）金鱼法

金鱼法是借鉴普希金著名作品《渔夫和金鱼的故事》而命名的。这个故事告诉我们，人的幻想是可以不受任何约束、任意驰骋的，但现实中的许多条件总会制约幻想实现。因此，任何看似不着边际的幻想，既有其超越现实的理想化因素，又包含着合理的成分。金鱼法首先从当前问题的某个幻想式解决构想出发，从中分离出可行部分和不可行部分；其次对其不可行部分进行进一步分离，找出可行部分与不可行部分；再次对不可行部分进行分离，依次迭代；最后直到将所有不可行部分均变成可行的解决方案。金鱼法基本流程如图 2-2 所示。

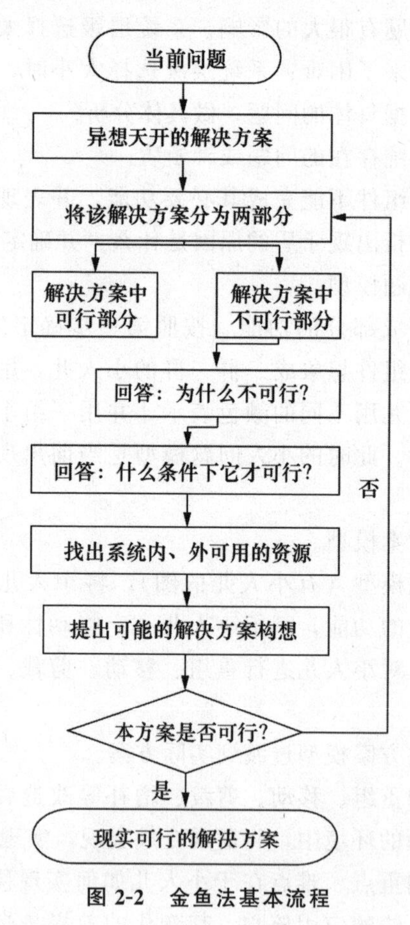

图 2-2　金鱼法基本流程

（四）STC 算子

所谓 STC，即是尺度（Size）、时间（Time）、成本（Cost）三个英文单词首字母的缩写，它的核心思想就是对物体的固有的认识，从物体的尺度 S、时间 T 和成本 C 三个维度、六个方向对其进行重新思考和再认识，从而找出解决当前问题的新思路。STC 算子是促使人们进行有规律的全方位发散思维的方法，与普通发散思维方法相比较，其指向性更强，效率更高。STC 算子的一般分析过程如下：

（1）明确研究对象现有的尺寸、时间和成本，然后分别从这三个维度进行双向假设性思考。

（2）在尺寸维度上，分别想象对象向尺度无穷大（S→∞）和尺度趋近于 0（S→0）两个方向变化，产生什么后果。

（3）在时间维度上，分别想象问题发生过程所需时间无限长（T→∞）和所需时间无限短（T→0）或对象运动的速度无穷大，会带来什么变化。

（4）从成本维度上，分别想象完成系统功能所需成本（允许的支出）无穷大（C→∞）和所需成本无穷小（C→0）时，会形成什么影响。

第三章　服装与服饰品创新设计方法

第一节　服装与服饰品创新设计素材来源

无论是偶发型设计还是目标型设计，都需要在设计之前收集相关的设计素材。对于偶发型设计而言，最初的设计冲动可能来自不经意间的发现或者突然间的想法，然而真正进入设计创作阶段后，仍需要寻找大量有关的设计素材作为补充，才能设计出好作品。对于目标型设计，因为有既定的设计方向，收集与之有关的素材资料更是不可或缺的，这是获得设计构思诱发和启迪的必要手段。常见的灵感素材来源可以从以下八个方面入手。

一、自然生态

自然素材历来是服装设计的一个重要来源。大自然给予我们人类太多的东西：雄伟壮丽的山川河流、纤巧美丽的花卉草木、风云变幻的春夏秋冬、凶悍可爱的动物世界等，大自然的美丽景物与色彩，为我们提供了取之不尽、用之不竭的灵感素材。设计中我们可以从轮廓形状、色彩图案、材料肌理等方面进行创作。

亚历山大·麦昆（Alexander McQueen）在 2015 年春夏系列中从锦鸡的羽毛中获取灵感创造高级时装，如图 3-1 所示。

在 Gucci 2016 春夏系列中，设计师从水母中获取了灵感，设计出一条透明薄纱裙，通过撞色处理，使裙子在可爱中透出一些浪漫，如图 3-2 所示。

二、历史文化

历史文化中有许多值得借鉴的地方：古拙浑朴的秦汉时代、绚丽灿烂

图 3-1　从锦鸡的羽毛获取灵感设计的服装

图 3-2　从水母中获取灵感设计的服装

的盛世大唐、清秀雅趣的宋明时代、古老神秘的埃及文明、充满人文关怀的文艺复兴时期、华丽纤巧的洛可可风格等。从前人积累的文化遗产和审美趣味中，可以提取精华，使之变成符合现代审美要求的原始素材，这种方法在成功的设计中不胜枚举。

例如，最近几年兴起的汉服，设计师将我国传统服装中的交领、马面裙等元素融入服装设计中，从而设计出既有传统文化的韵味，又不失现代时尚品味的新式服装，如图 3-3 所示。

图 3-3　传统元素与现代服饰的巧妙融合

三、民俗文化

民俗文化是现代服装设计中的灵魂文化，是服装设计的灵魂和激情的源泉。世界上每一个民族，都有着各自不同的文化背景与民族文化，无论是服装样式、审美观念、文化艺术、风俗习惯等均有本民族不同的个性。这些具有代表性的民族特征，都可成为设计师的创作灵感，摄取这些民俗文化的精髓，继承、改良、发展并赋予它新的形式，强调民族的内涵、灵魂。例如，中国传统服饰艺术中特有的吉祥图案、瓷器、脸谱、剪纸艺术等都被广泛运用到设计中，这些灵感的钥匙需要我们不断挖掘。

例如，玛丽·卡特兰佐（Mary Katrantzou）将中国传统的珐琅质花瓶运用于设计中，将服装变成一件精美的艺术品，如图 3-4 所示。

图 3-4　用珐琅彩花瓶造型的服装

四、文化艺术

各艺术之间有很多触类旁通之处，与音乐、舞蹈、电影、绘画、文学艺术一样，服装也是一种艺术形式。各类文化艺术的素材都会给服装带来新的表现形式，它们在文化艺术的大家庭里是共同发展的。因此，设计师在设计时装时不可避免地会与其他的艺术形式融会贯通，从音乐舞蹈到电影艺术，从绘画艺术到建筑艺术，从新古典主义到浪漫主义，从立体主义到超现实主义，从达达主义到波普艺术等艺术流派，这些风格迥异的艺术形式，都会给设计师带来无穷的设计灵感。

例如，加勒斯·普（Gareth Pugh）2011 春夏时装将建筑搬到了人的身上，分割的线条充满未来的摩登气息，建筑感极强的设计尽显设计师的奇特灵感，如图 3-5 所示。

图 3-5　从建筑物中获取灵感设计的服装

五、社会动向

服装是社会生活的一面镜子，它的设计及其风貌反映了一定历史时期的社会文化动态。人生活在现实社会环境之中，每一次的社会变化、社会变革都会给人们留下深刻的印象。社会文化新思潮、社会运动新动向、体育运动、流行新时尚及大型节日、庆典活动等，都会在不同程度上传递一种时尚信息，影响到各行业以及不同层面的人们，同时为设计师提供着创作的因素，敏感的设计师就会捕捉到这种新思潮、新动向、新观念、新时尚的变化，并推出符合时代运动、时尚流行的服装。

例如，2012 年伦敦奥运会成为时尚界瞩目的焦点，圣马丁学生卢卡·布鲁克斯将奥运五环作为背景设计的服装，极具创意和趣味感，如图 3-6 所示。

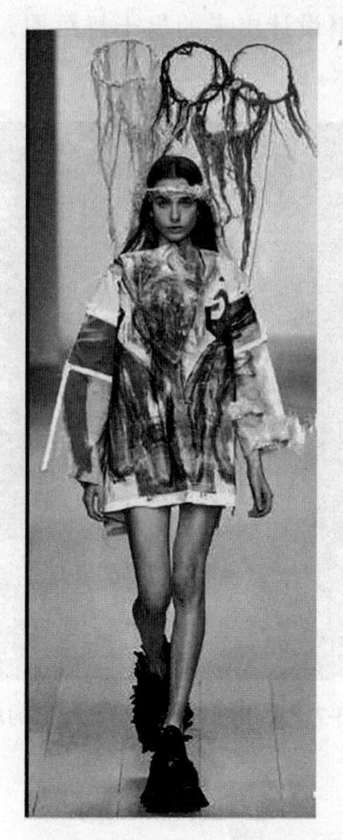

图 3-6　从奥运五环中获取灵感设计的服装

六、科学技术

科学技术的进步，带动了开发新型纺织品材料和加工技术的应用，开阔了设计师的思路，也给服装设计带来了无限的创意空间及全新的设计理念。

科技成果激发设计灵感主要表现在两个方面：其一，利用服装的形式表现科技成果，即以科技成果为题材，反映当代社会的进步。20 世纪 60 年代，人类争夺太空的竞赛刚开始，皮尔·卡丹便不失时机地推出“太空风格”的服装。其二，利用科技成果设计相应的服装，尤其是利用新颖的高科技服装面料和加工技术打开新的设计思路。例如，热胀冷缩的面料一问世，设计者将要重新考虑服装的结构；液体缝纫的发明，令设计者对服装造型想入非非；夜光面料、防紫外线纤维、温控纤维、绿色生态的彩棉布、胜似钢板的屏障薄绸等新产品的问世，都给服装设计师带来了更广阔的设计思路。

例如，利用光纤材料设计出来的男士舞蹈服，营造出了一种别具一格的科技感，如图 3-7 所示。

图 3-7　采用光纤材料设计出来的服装

七、日常生活

日常生活的内容包罗万象，能够触动灵感神经的东西可谓无处不在：在衣食住行中，在社交礼仪中，在工作过程中，在休闲消遣中，一件装饰物、一块古董面料、一张食物的包装纸、一幅场景、一部电影、一种姿态都可能有值得利用的地方；一道甜品、一块餐巾或是一束鲜花，都可以引发无尽的创作灵感，经过设计的生活更能反映人的精神内涵。设计者只有热爱生活、观察生活，才能及时捕捉到生活周围任何一个灵感的闪光点，进而使之形象化。

八、微观世界

从新的角度看事物，一个简单的方法就是尝试不同的尺寸比例。一件常见物品的局部被放大后，可能就不再乏味和熟悉了，而会变得新颖，成为设计、创作的灵感素材。正是这种对素材的深入了解，将使你的作品有着个人独特的风格。

第二节　服装与服饰品创新设计流行趋势

一、影响流行趋势因素

设计师应以理性的态度去对待服装设计的宏观流行动向。设计师必须走在流行的前锋，感受流行节拍，引导消费。影响流行趋势的因素可以分为可预测因素（如气候、社会经济的发展、人口变化、生活方式的改变等）和不可预测因素（如人为的因素、流行事物的影响、战争的因素等）。分析服装流行趋势的影响因素，可以从以下几方面入手。

（一）气候因素

气候冷热对服装流行影响最大，气候的影响分为两个方面：一是同一时间不同地区气候的冷热差异对流行的影响；二是突发气候冷热变化对流行的影响。

当品牌服装的终端销售扩展到跨不同区域的时候，同一时间点不同地区气候的冷热差异开始对服装销售产生影响，因此应对经销商的配货保留一定的决策权。同样是在每年的 3 月，东北市场和海南市场销售的差异性很大，气候的不同影响到消费者对色彩冷暖、面料厚薄和款式的选择。

气候突然改变影响消费者最大的消费时间段主要表现在产品销售的季末和季初，季末和季初是新货上架时期，气温突然变冷或者变热会引导一个时间段的消费热潮。

（二）社会经济因素

经济增长速度是影响流行趋势的因素之一。经济增长速度加快时，人们的收入和消费信心增加，在服装上的花费一般会随之增加，流行周期加快。经济增长速度放慢时，人们的收入和消费信心下降，流行周期放慢。经济增长速度与人们消费水平成正比。

当经济增长速度呈负增长时，人们的消费心理达到一定的承受极限，服装设计师针对市场变化寻求新的市场卖点，往往在流行风格上出现新的突变，出现与以往完全不同概念的流行风格。

经济发展影响着人们对不同着装的重视，当人们的收入在较低层次时，在服装消费上首先考虑的是外衣，当经济收入可以满足工作、生活的一般需求时，人们就有了旅游度假的需求，运动休闲装或具有运动风格的时装就大受欢迎。

（三）生活方式因素

生活方式的改变影响人们的消费方式，进而影响人们的着装。第二次世界大战时期，欧洲女性开始大规模地加入军工企业的生产，发现男装夹克和西服的功能性远远胜于当时女子的裙装，间接推动了女装着装意识的转变，促进现代女装着装国际惯例的形成。

（四）流行事物的影响

流行事物涉及方方面面，影响最大的是电影、时尚人物和网络。具有巨大影响力的电影和时尚人物的装扮对服装流行起到一定的引导作用；卡通形象出现在年轻一族 T 恤衫的图案设计上；人们生活空间的空调化使夏装出现了高立领的流行。除此之外，街头舞蹈、街头装饰、流行音乐、电视、网上购物、时尚杂志等均可对流行产生影响。

（五）科技因素

科技发展表现在对新型材料的探索上，纺织材料创新是纺织业的重要驱动力，其影响力是持续的，不仅影响特种服装，也融入服装生产的主流产品中。设计师需时时留意新材料的发展动态，并尝试运用它们为设计服务，增强产品的科技含量。

（六）文化历史因素

不同地域的消费者所接受的文化教育不同，对同一事物有着巨大的审美差异。审美观的差异性对品牌规划、市场定位、产品设计、制造、广告宣传的诉求、营销组合都有一定影响。审美观的变化直接影响商品消费需求的变化，形成特定的商品流行现象和一定的变化规律。

（七）人口结构变化因素

人口结构的变化会对流行产生影响。人口变化的因素包括人口的出生率、死亡率、人口迁移、年龄分布、婚姻状况、国家的人口政策等。如20世纪60年代服装业的兴起与欧洲人口结构的变化有直接关系。

二、流行趋势的调查

流行是一种普遍的社会心理现象，指社会上新近出现的或某权威性人物倡导的事物、观念、行为方式等被人们接受、采用，进而迅速推广以至消失的过程。流行涉及社会生活各个领域，包括服装、音乐、舞蹈、美术、娱乐、影视、建筑、产品与语言等。服装作为人的精神的最直接、最表层、最感性的外化物，其流行性最为突出。服装流行是一种突出而且复杂的社会现象，往往体现整个时代的精神风貌。

服装流行的传播形式主要有四种类型：自上而下传播、自下而上传播、水平传播、大众选择。这四种类型的传播形式，在不同的历史时期有着不同的表现。

（一）自上而下传播

自上而下的传播理论也称为“下滴论”。这种形式传播的流行从具有高度政治权力和经济实力的上层阶级开始，依靠人们崇尚名流、模仿上层社会行为的心理，逐渐向社会的中下层传播，进而形成流行。传统的流行过程多为此种类型，到了现代则更多地体现为大众对影视等明星着装时尚的崇尚和模仿。高级时装作为服装业金字塔的塔尖之作，经由媒体传播、名人推崇，往往成为流行的源头，影响着高级成衣、普通时装，实现了自上而下的传播。

（二）自下而上传播

随着大众文化、消费文化的兴起，现代社会中许多流行是从年轻人、黑人、蓝领阶层以及印第安等所谓的“下位文化层”中兴起的。从起源来看，上层社会的人们受到这种“反阶级、反传统、反文化”的、超越常识的新流行的冲击，被这种新奇的、前卫的样式所标志的“年轻”和“新颖”的魅力所折服，逐渐承认和接受这种流行，这就形成一种自下而上的逆流现象。比如，一些街头服装的风格与元素被时尚界关注，甚至成为高级时装设计的灵感，就实现了自下而上的传播。

（三）水平传播

随着工业化的进程和社会结构的改变，发达的媒介把有关流行的大量信息同时向社会各个阶层传播，于是流行的实际渗透是所有的社会阶层同时开始的——水平流行。现代的市场为大量流行创造了很好的条件，同时社会结构也特别适合让大众掌握流行的领导权。尽管仍存在上层阶级和下层阶级，但是由于人们生活水平的普遍提高，中产阶级的比例增大，这非常容易引起大的流行渗透。特别是随着互联网络应用的发展，流行的水平传播越来越突出。

（四）大众选择

在现代流行中，我们发现尽管设计师在设计新一季服装时并没有互相讨论，但他们的许多构想却常常表现出惊人的一致性。成衣制造商和商业买手们虽然相互陌生，但是他们从数百种新发表的作品中选择为数不多的几种样式却有惊人的一致性。这就是大众选择的流行传播结果。从表面上看，掌握流行主导权的人是这些创造流行样式的设计师或者是选择流行样式的制造商与买手，但实际上他们也都是某一类消费者或某一个消费层的代理人，只有消费集团的选择，才能形成真正意义上的流行。

三、流行趋势的分析

服装流行趋势是指现阶段服装流行风格的持续以及未来一段时期的发展方向。它是在一定的历史时期、一定数量范围的人、受某种意识的驱使，以模仿为媒介而普遍采用某种生活行为、生活方式或观念意识时所形成的社会现象。

（一）服装流行趋势的结构

现代的流行产业是一项有计划的活动，而在这种计划中有来自不同层面的因素，高级时装的艺术创意、面料企业和成衣企业互为观望、媒体记者推波助澜，这些因素都会对最终的市场表现产生影响。

消费者由于从众心理通过模仿来推动流行的大众化，因此在流行的浪潮中，大多数消费者的参与往往是一种无意识的行为，而服装产业的从业者则会有意识地制造并推动流行的发展。设计师在广泛认同流行趋势内容的条件下进行设计，采购人员和零售商可以较为准确地判断设计师的作品是否符合市场需求，而只有当大量消费者购买这些服装后，才能真正形成流行。因此，现代的流行产业便在少数人的“有意”指导下和多数人的“无意”推动中不断循环发展，由设计师、出版商、零售商、消费者等共同创造流行。

（二）服装流行市场的构成

服装流行从行业来看，可以分为三个层级：原材料层、制造业层、零售业层。

原材料层的一些权威流行趋势发布机构主办的纱线与面料展成为流行信息的一级资讯来源。

制造业层是连接织物世界与零售业的桥梁，对于流行的预测更加依赖设计师、采购人员（买手）和零售商提供的信息和要求。国内外市场中的服装、配件以及鞋类的制造商与设计师成为二级资讯来源。许多制造商在引导流行风格，以及强大的采买能力等方面都能赢得各方美誉。了解这些设计师与制造商及其杰出销售人员的想法，将有助于理解其他新闻、观点、意见和态度。设计师和制造商在他们自己的造型师和流行总监的协助下，在初级市场是齐头并进的，所有人员都必须不断地收集各种相关资料。

零售业层将直接面对消费者，采购人员对流行的评估是否正确最终会在销售过程中得到证实。他们所签下的大量订单可以支持并延续某种风格，他们甚至会对设计师设计什么样的产品提供指导。零售业作为三级资讯来源，来自它的信息将是获取消费者消费偏好的第一手资讯。流行商品的卖场是获取消费偏好线索的第一线，销售报表便是最精确的工具。产品设计开发成员需要经常到各类卖场观察，包括自家卖场、竞争者卖场和参考者卖场，甚至与顾客攀谈。需要注意的是产品的销售速度及每个销售阶段发生的各种变化，同时检查每家分店的动态，需要设法分析促使某些商品脱颖而出的神奇因素或特征。

四、流行趋势的预测

（一）流行趋势预测体系

在服装行业，对于流行的预测和研究早在 20 世纪 50 年代就开始了，经历了以服装设计师、服装企业家、服装研究专家为主的预测阶段，最终形成了以各国专门机构同国际组织互通情报为主，与设计师、制造业厂家、行业专家相结合的流行趋势预测体系。欧美有些国家的色彩研究机构、时装研究机构、染化料生产集团还联合起来，共同发布流行色，染化料厂商根据流行色谱生产染料，服装设计师根据流行色设计新款时装，同时经报纸、杂志、电台、电视广泛宣传推广，介绍给消费者。

在服装流行预测体系中，媒体正在发挥越来越重要的作用。期刊、报纸、书籍、影视、网络等提供的信息，几乎囊括了服饰流行行业中各个层面的信息与资讯——流行趋势报告、时尚内幕、时装周与时装秀、市场动态等。时尚期刊记录着时尚人士所关切的点滴事物，是了解消费者的价值观与生活形态的重要窗口。流行是整体生活的反映，同时需要关注相关艺术、设计方面的杂志，比如日本知名平面设计杂志《＋81》。网络媒体具有跨时空、交互性、多媒体等特性，在流行的传播中具有特殊的地位。

（二）流行趋势预测内容

流行趋势预测内容包括流行主题、流行色彩、流行面料、流行款式等设计开发方面的内容以及陈列、销售、消费等营销方面的流行趋势。

1. 流行主题

主题是社会政治、经济、文化与科技变化的集中反映，流行主题是对流行产生重要影响的多种要素中的基本要素，在分析流行趋势时，应将其分成主题，然后逐一分析流行潮流。流行主题起到帮助销售商和设计师们确定流行风格的作用。都市迷走、堂吉诃德、普罗旺斯、华丽科技、密林寻踪等都曾经成为流行主题。

2. 流行色彩

流行色彩（流行色）是指某个时期内人们共同爱好、带有倾向性的色彩。与社会上流行的事物一样，流行色是一种社会心理产物，它是某个时期人们对某几种色彩产生共同美感的心理反应。流行色在一定程度上对市场消费具有积极的指导作用。国际市场上，特别是欧美、日韩等一些消费水平很高的市场，流行色的敏感性更高，作用更大。流行色主题色卡分为主流色组、点缀色组、基础与常用色组。

3. 流行面料

面料作为服装表现的物质载体，在服装设计创意中起着十分重要的作用。每一季面料结合纱线的流行发布，都十分惹眼，成为众多设计师和生产商关注的焦点。流行面料包括纤维与纱线的变化、结构的变化、工艺的变化以及图案变化等。色彩通过面料会呈现出更加感性的风格特征，所以关于纤维与材料的预测往往是在国际流行色的指导下结合实际材料加以表达的。纤维的预测一般提前于销售期 18 个月，面料的预测则是提前 12 个月。

4. 流行款式

款式预测首先是对整体造型的预测，它勾勒出服装流行的基本外貌，是一些流行细节的基础，在流行预测报告中往往会给出关键款式；其次是具体部位如领子、袖型、口袋、腰部、裤型等的特征；最后是细到领尖、袖口、下摆、褡门、腰带、兜口以及配饰等细节特征。款式的预测通常提前 6～12 个月。

第三节 服装与服饰品创新设计切入点

在设计目标定位过程中，与这个定位有关的形态、状态都有可能是切入点，尤其是那些最为典型的形态特征、最为鲜明的状态形式更会引起注意。由于设计目的不同，设计构思的角度也会不同，设计构思有时是单一角度，有时也会是多角度，在具体款式设计中，应选择最能体现设计目标的角度进行服装设计构思。时装设计师日常生活的态度和嗜好对设计构思的影响很大，由于设计师的构思角度和方法不同，设计感觉就完全不一样。

一、从风格出发

服装的风格最能体现服装的个性特征，它能够融入设计者的主观意识，使其明显不同于其他的服装。现代服装的设计中风格越来越受到人们的青睐。由于设计师的文化内涵、艺术修养、生活环境、兴趣爱好不同，使其对服装的款式造型、色彩、材料处理也各不相同，从而形成了极具个性风格的设计作品。服装风格的设计要受时代、民族的限定，从风格出发的设计要求不断地求新、求变。从风格入手的设计，用于成衣产品设计中，可以准确地区分消费对象，很好地把握目标市场，创造更多的商业利润。

二、从主题出发

从主题出发，可以帮助设计工作者缩小设计范围，明确设计方向，避免设计思路的混乱无序。主题可以启发灵感，选择一个具体的主题，有针对性地收集相关素材，然后根据这个主题形象的感觉来构思服装造型，利用款式特征、面料肌理、装饰细节、色彩配置及图案装饰等再现主题的整体氛围。

主题可以启发灵感，选择一个具象的主题，根据这个主题形象的感觉来构思服装造型。利用款式特征、面料肌理，色彩配置及图案装饰等再现主题的整体感觉。如将西藏的神秘和绚丽作为创意的主题，佛教的绘画、寺庙的图案、藏族的服饰和文字作为形态就可成为设计要素，用以表达设计师对西藏的风土人情、民族和宗教文化的感受。以"魏晋遗韵"为创意主题，就可联想到传统的服装造型，并通过不同明度的类似色搭配、绳带的装饰以及行云流水般的线条，表现中国传统的审美情趣。从主题出发的设计多用于品牌概念装、参赛服装的设计构思。

三、从情调出发

从情调出发的设计是在设计之初，就对服装所体现出来的气氛和感觉进行定位，它是一种对服装内在精神的表达。运用色彩、造型、工艺结构、材料等服装构成要素营造出服装的情调，以情调入手的设计，或以某种抽象的事物为主题，如清晨的薄雾、城市的车流川息、涌动的都市等，运用服装的款式造型、色彩配置、面料组合、装饰纹样来体现其意境情调；或以某种印象为启示，如以奢华、幽雅、刺激、端庄、明快等为出发点，用相应的服装要素加以体现。从情调出发的设计多用在创意服装、特色时装设计中。

四、从装饰、纹样出发

设计师常会被一些装饰元素、图案纹样等有趣的东西所吸引，并将这些元素融入服装设计中。如富丽奢华的龙纹刺绣、古朴彩陶上的涡形纹样、街头随意涂鸦的绘画、精巧繁复的藏族银饰等。从装饰、纹样入手的设计，要考虑纹样的大小、摆放位置以及工艺手法等。

五、从材质出发

从材料肌理的对比变化入手是加强服装审美情趣设计的重要途径。服装的材料形式多样，风格各异，不同的面料会呈现出不同的肌理效果，除面料本身的肌理以外，通过缉缝、抽纱、雕绣、镂空、植绒、揉搓、压印等装饰手法对面料进行再创造，还可产生更为丰富的肌理效果。海螺凹凸不平的表面、层层叠叠的羽毛、器皿冷漠的金属外表、印第安人粗犷的编织披肩等都呈现出不同的材质和肌理效果，对这些材质肌理的模仿和应用，令服装产生极其丰富的艺术感染力。

作为服装设计师，必须了解有关服装材料结构和技术性能方面的知识，培养对服装材料的感受力，知道如何最大限度地利用其性能，更好地运用材料来实现自己的设计构想。

六、从色彩出发

色彩是激发灵感的主要因素之一，色彩灵感的价值在于配色的新颖和配色的格调。单一色彩的使用往往已司空见惯，配色却由于色相、比例、位置等因素的不同而新意层出不穷。冰山变幻不定的冷蓝色调、抽象画中华丽绚烂的色块、鹅卵石层次细腻的灰褐色系等都可成为服装设计师创作的起点。

色彩是创造服装的整体视觉效果的主要因素，着装效果在很大程度上取决于色彩处理的优劣。服装设计师要想使服装色彩达到预想的视觉效果，必须了解服装色彩的基本特性和配置规律。

七、从造型出发

世界万物，形态各异，如郁金香娇柔圆润的外形、凤尾竹修长洒脱的剪影、哥特式教堂硬朗尖锐的屋顶等，都是设计服装取之不尽、用之不竭的灵感来源。

第四节 服装与服饰品创新设计手法与表达

一、服装与服饰品创新设计手法

（一）仿象设计

仿象设计又称具象设计。服装款式，一般都是人们感知的大自然中各种优美的形象在服装上的反映。而仿象设计，正是设计师通过模仿生活中静态物体和动态物体的形象特征，构思服装样式的设计方法，属现实主义创作范畴。

仿象设计在服装设计中是最初级、运用很广的手法。比如：服装上的方领、尖领、圆领、盆领，灯笼袖、喇叭袖，灯笼裤、直筒裤，直筒裙、喇叭裙、扇形裙等，都是模仿静态物体设计出来的；香蕉领、青果领、蝴蝶领、蟹钳领，羊腿袖、花蕾袖、马鼻袖、叶子袖，都是对自然界中生态物体形象特征的模仿。自然界中的物体是千姿百态、千变万化的，这就给服装的仿象设计提供了取之不尽、用之不竭的源泉，服装设计师应重视深入生活，热爱生活，热爱自然，到大自然中去汲取营养，来丰富自己的创作。

（二）抽象设计

抽象设计是相对于具象设计而言的，是服装样式不可感触形象的设计，属浪漫主义的创作范畴。服装设计在通常情况下都属具象设计，设计的内容大多是人们可直接感知的形象。但有时，设计师们往往抛弃具体的形象，作品给人们展现的是极其生动、丰富、奇妙的非具象形式，它是设计师内心情感的尽情挥发。抽象设计比具象设计的作品更富于想象力，给人们以可供反复玩味、想象自由驰骋的审美空间。例如：时装中领部、胸部、腰部或肩部抽象设计的辐射线，人们可想象为光，想象为闪电，想象为放射能；抽象设计的各式环领，人们可想象为蓝天的浮云，想象为山间的流水，也可想象为悬崖的飞瀑。

抽象设计的服装，在结构布局和裁剪技巧上别具匠心。它一般选择轻、薄、软、弹、垂的面料，采用披挂、裹缠、悬垂、皱叠等立体裁剪的方法，造型完美生动。例如，法国著名服装设计师拉旁奴1978年设计的未来时装，选用一块完整的格纹布，用披挂和裹缠相兼的立体裁剪方法制作，完全冲破了一般时装的结构格局，显得生动别致，充满了诗情画意。抽象设计在时装设计中大有用武之地。比如皱波式礼服套装、飘带式礼服裙、悬波袋套裙等，都是以抽象设计手法为主设计出来的。

抽象设计毕竟是具有较高层次的设计手法，且需有较高的工艺制作水平与之相配合、故要求设计人员应多观赏学习服装大师的精粹之作，多从音乐、绘画、雕塑、文学等姊妹艺术中汲取营养，不断加强自己的艺术修养，并注重实践，锻炼自己抽象思维的能力和想象力。

（三）写意设计

写意设计是借用国画中的一种绘画技法，所设计的作品既不像仿真设计的那样力求工细逼真，也不像抽象设计的那样不可捉摸，而注重传递神韵、表露气质、渲染色调、抒发情感。写意设计要求设计师具有较为成熟的设计经验和较高的艺术修养。写意设计的题材是广泛的，有人类活动、科学踪迹，也有山、水、花、鸟、鱼、虫，即使是环境、季节、气候等也都可以是写意的内容。例如“生命之火”“力量与形体”“春之恋”“金色的秋天”“朦胧的夜”“自由飞翔”等命题都可以作为服装写意设计的题材。写意设计往往用朦胧的手法表现内容，令人遐想回味，意会神领。目前，这种设计方法在国际、国内时装界已得到广泛的应用，尤其多用于表演服装的设计中，艺术效果很好。

（四）动态设计

动态设计是一种把握服装运动节奏感、韵律感的创作方法。在初级服装设计中，一般只使用静态服装设计方法，但在高级服装和时装的设计中，动态设计却占有主导地位。可以说没有动态就没有时装。因为服装穿着者大多数情况下总处于运动状态，例如走动、旋转、跳舞等，这就要求设计时，一方面应考虑服装须方便穿着者活动，另一方面又应考虑服装的动态美感，即节奏感和韵律感。这正是动态设计的目的所在。例如，在流行小下摆裙子的时候，设计者必须从动态效果出发，考虑下摆的开叉结构，合理地设计成明开叉、叠裥开叉、鱼鳍状开叉等不同样式，在舞会礼服裙的设计中，尤其应注重表现它的动态效果，使舞步和旋转更富风采。

在动态设计中，较多地运用飘带、环形花边、波浪下摆等手段，以达到服装的动态效果。

（五）即兴设计

即兴设计是指在特定的条件和环境下，受外因的强烈刺激，触景生情而创作作品的一种设计方法。即兴设计具有闪电般的速度和瀑布倾泻之势，是设计师在片刻之中内心情感的显现，是一种超前、超群美感心理的真实反映。它除了需有外界客观因素的触发之外，设计师在主观上应具有即兴的素养，即具有敏锐的观察力、丰富的想象力、艺术的综合能力及表现力等，只有当客观因素和设计师的主观能力结合起来发生作用时，即兴创作方有可能。

关于即兴设计的方式，有的是当场一次性完成，也有的是即兴在胸中出现服装的粗略形象和轮廓，经反复思辨和深化，最后才得到较为完美的作品。此外，回忆性、记忆式的即兴设计，也是经常发生的。总之，即兴设计是一种积极的设计方法，具体方式可按设计师的情况、习惯及客观因素而定。

二、服装与服饰品创新设计表达

服装设计师对于所构思的设计作品形成基本概念之后，需要把构思及创作灵感用一定的形式表现出来，通常使用时装画或实际材料来表达服装的创意和构思。时装画是以服装为载体的艺术表现形式，是运用绘画艺术手法对服装和服装穿着后美感的具体表现。服装设计从收集资料、设计构思、指导生产到产品的宣传推广都离不开设计表达形式的运用，因此，时装画不仅是服装设计进程中的一个重要环节，也是服装信息交流的一种有效媒介，起到有效沟通和传达设计理念的作用，是成为一名合格的服装设计师应具备的素质之一。时装画突出的特点是在审美上的直观性和时尚性，它可以将设计构思简单快捷地记录下来，也可以像其他绘画形式一样具有多种表现形式和多种风格。时装画可以通过时装效果图、时装草图、款式图以及时装插画等形式完成，它们的作用各异，表现技法和侧重点也各不相同。

（一）时装人体绘画

服装是人在着装后的一种状态，服装设计是对这种着装状态的设计。

人体作为贯穿整个设计过程的主题，无疑成为服装设计学习过程中非常重要的因素。所以，学习服装画不仅要了解人体的构造，还要进一步了解人体的审美特征和各部分形态的艺术表现手法。

1. 人体的基本结构

人体由头部、躯干、上肢和下肢四大部分构成。骨骼是人体的基础，人体骨架由206块骨骼组成，骨骼与骨骼之间通过关节和肌肉连接，从而达到自由活动的状态。骨架上附着有不同形状的肌肉，呈现出人体自然的外部形态。关节是人体能够产生丰富动态的基础。

2. 服装人体比例

我们将头长作为确定人体比例的基准，以八头半身人体比例为例，所谓八头半身人体比例是指人水平站立时，以头长为单位将人体身高夸张为八个半头长的人体比例。因为八头半身人体比例最接近实际比例，且具有艺术夸张效果，所以是服装人体绘画中最常选用的比例结构。

服装画中的人体比例比实际人体比例约多出至少1个头长，在服装插画中甚至将人体比例夸张到10个头长以上。从整体上看，人体的夸张部位主要体现在四肢上，特别是腿部比例的加长，而躯干部分因为受到服装造型的限制，所以不便予以过分夸张。在女性人体的夸张部位中，以颈、胸、腰、臀的曲线夸张作为重点，另外大腿、小臂、小腿的夸张比例也应该相互协调；男性人体的夸张部位则主要是肩膀和胸部的宽度、厚度，以及四肢的长度和整体肌肉的发达程度等。

3. 服装人体姿态

人体姿态的形成主要是由躯干部分的肩膀和骨盆倾斜变化而决定的，当人体的重心从一侧移向另一侧时，躯干支撑人体重量的一侧髋部抬起，骨盆向不承受重量的一侧倾斜，肩膀则向身体承受重量的一侧放松，因此肩线和髋线出现了倾斜度。简而言之，肩线和髋线不同角度的变化是构成各种人体姿态的基本法则。

在绘制人体姿态时，关键是要掌握“一点四线”，一点即锁骨窝点，四线即重心线、中心线、肩线和髋线。从锁骨窝点可以分别引出重心线和中心线，通过锁骨窝点垂直于地面的线是人体的重心线，重心线可以确定人体的重心，明确下肢的位置，一般情况下，承受重量的脚应画在重心线上。当人体向一侧倾斜时，手臂和腿就会向另一方向伸展，从而达到平衡的状态。另外，从锁骨窝点过肚脐至两腿中部的连线是人体的中心线，中心线可以理解成人体躯干的动态线，它对于抓住人体的动态，塑造服装人体的立体效果有很大的帮助。肩线和髋线不同角度的变化决定了服装人体的姿态，一般情况下，肩线的倾斜角度较小，接近于水平线，而髋线的倾斜幅度较大、从而产生一定的角度变化、角度越大，人体姿态越夸张。

（二）时装绘画表现形式

1. 时装草图

时装草图是一种简便快捷的绘画形式，它是设计师在创作过程中对设计灵感的迅速捕捉，也是创作拓展和素材收集整理的主要工具，当灵感与素材在不同的设计方向之间徘徊，对构思的快速记录常常会为设计工作带来意想不到的能量和创造力。时装草图要求能够描绘出关键的设计元素，例如服装的廓型和重点结构、细节、图案等，在草图反复的勾画过程中，可以尝试设计元素的不同组合方式，揣摩整体与局部、材料与细节等的比例关系。

2. 时装效果图

时装效果图是一种用以表达时装设计意图的准确而快捷的绘画形式。它应用于服装业的设计环节中，是从服装设计构思到成衣作品完成过程中不可缺少的重要组成部分，时装效果图是围绕服装进行的描述性绘画，通常将注意力放在对服装款式、色彩、材质和工艺结构的表达上，着重强调的是服装与人体、服装与服装、设计细节与整体之间的关系，再配有面料小样、款式图和文字说明。

3. 服装款式图

服装款式图，又称为平面结构图或工艺图，是指单纯的服装服饰品的平面展开图，以清晰地描绘服装款式、结构、工艺细节为目的的绘画表达形式。款式图适合工业化生产的需要，可以作为服装生产的科学依据而独立存在，也可以作为对时装画的辅助和补充说明，时装画展示出服装的整体搭配和设计师的风格与个人表现力，而款式图则按正常的人体比例关系对服装进行说明，清晰地展示出时装画中容易被忽略的细节部分，打板师往往是按照它来进行纸样设计的。

（1）款式图的结构和比例

款式图以严谨翔实的手法尽可能地展现出服装的款式、比例和细节，这就要求绘图者对服装结构有充分的了解，如服装的省道、结构线、褶皱、装饰线等。款式图中不显示人体，但对服装的描述要符合人体的比例关系，同时还要注意对服装各部位之间比例的把握，例如袖长与身长、领型与衣身、腰节线的高低、扣位与口袋位等结构的比例。

（2）款式图的表现方法

从构思到制板生产，服装款式图广泛应用于服装行业的各个环节。通常独立存在的款式图多以正面和背面为主，根据设计、生产和展示的不同需求，可以选择不同的表现方式对服装进行说明。

服装款式图手稿，图中清晰地展示出设计师对服装结构变化的理解和前后身的比例关系，根据这张图，打板师就可以进行纸样设计了。服装工艺单，用于样品制作和工业生产环节，工艺单上除了有正背面的款式图和细节说明外，还应准确填写成衣尺寸、辅料和具体的工艺制作要求。

4. 时装插画

时装插画是时尚艺术的一种平面美术创作形式，多出现在时装杂志、海报和广告中。当代的时装插画没有固定的法则和约束，也没有明确的工作方式和流行风格，时装画家可以对任何一位设计师的作品进行创作绘画，它表现的重点不在于设计，而在于捕捉设计的神韵。时装插画不一定要完整地展现服装，主要用来表达一种情绪或特定的氛围，表现服装设计的灵魂、个性乃至思想内涵，因此画面上除了人物和服装外，通常对主体所处的背景和环境也有所交代。与时装效果图相比，时装插画往往更富有艺术表现力，更能反映画家的个性和艺术风格。

（三）时装绘画表现风格

1. 写实风格

写实风格的特点是细腻逼真，通过运用水粉、水彩和素描等表现技法，对画面人物造型、五官结构、明暗关系以及面料质感等进行细致准确的描绘，因此对作者的绘画功底有较高的要求。

2. 速写风格

速写风格常用于设计草图和设计手稿中，是一种简便、快捷的表现方式。以速写的语言来表现时装人物时，应在高度的概括和艺术性之间寻找平衡。

3. 动漫风格

动漫风格顾名思义就是动画和漫画风格的时装画。这种风格的时装画往往具有独特的人物造型，相对夸张的人体或服装，画面富于趣味性和新鲜感。

4. 装饰风格

装饰风格的时装画因其手法单纯并且具备装饰画的审美特点，通常具有较强的视觉冲击力，多用于时装插画和时装海报中，它具备多种装饰性元素，如概括的人物形象、平面化的绘画手法、大色块的对比以及富有情趣的服饰图案和细节处理，它主要用来表达一种情绪或者特定的氛围，展现服装设计的思想内涵。

（四）时装绘画表现技法

1. 手绘表现

(1) 线描表现技法

线是东方传统艺术造型的重要表现方法，它的表现手法非常丰富，不仅可以描绘物体的结构与形态，而且能够充分表达作者的精神内涵。时装画的用线来自传统的勾线方法，同样讲究线条的转折、顿撞、浓淡、虚实，同时要求高度的精练和概括。此外，线的表情可以强化作者的主观意念，烘托整体画面的气氛。时装画的基本勾线方法有三种。匀线：匀线均匀流畅、规整细腻，适合表现质感轻薄、柔软细腻的服装服饰品；多以钢笔、针管笔等工具来表现。粗细线：笔法挺拔、刚柔相济、跌宕起伏，通常用来表现质感厚重、挺括的服装面料；勾线工具以速写钢笔、衣纹毛笔为主。不规则线：不规则线主要用于表现肌理变化丰富、质感对比强烈的织物；线条抑扬顿挫、挥洒自如，常以多种不同的工具组合表现，如毛笔侧锋、铅笔、签字笔等工具。

(2) 色彩表现技法

①薄画法表现

薄画法是以水彩、透明水色等透明原料为主要材料，以吸水性强、毛质柔软的白云笔、水彩笔为基本工具的画法，其中钢笔和铅笔淡彩是最常见的表现形式。在薄画法中，水彩的运用最为常见，水彩晶莹透明，覆盖力弱，但渗透力强，既可以大面积平涂，也可以精致刻画细小部位，并通过渲染、晕染等方法使画面层次清晰、生动随意。水彩既适合表现纱、丝等轻薄柔软的织物，也适合表现挺括且具有光泽感的麻织物。

在使用水彩颜料时，应注意水分的把握和笔触的运用，为了保持水彩薄而透明的感觉，在需要提亮颜色时，尽量用水而不是白色水粉来调和颜料，着色时要反复斟酌，果断下笔，一气呵成，可以根据服装结构和画面的需要适当留出飞白，切忌多次涂改。

②厚画法表现

厚画法是以水粉、油画、丙烯等为颜料，以水粉笔、油画笔为主要工具的表现方法，厚画法多用于表现呢绒、粗针织、皮革等厚重且肌理突出的面料，水粉颜料以其覆盖力强、适用性广而成为厚画法颜料的典型代表之一。水粉画法适合表现一些质地厚实、粗犷和带有特殊肌理的服装效果，在实际运用中，水粉画可厚可薄，既可以摒弃明暗关系，通过色块平涂的方法使画面具有强烈的装饰性和感染力，也可以通过适当的光影飞白强化服装的立体感，使画面轻松而写意。

2. 多种材质与风格的综合技法表现

（1）马克笔的表现技法

马克笔以其色彩丰富饱满，使用方便快捷等特点被广泛地应用在服装效果图和草图的绘制中。马克笔分为油性和水性两类：油性马克笔覆盖力强，颜色有厚重而润泽的感觉，适合大面积涂抹，而水性马克笔颜色柔和而透明，覆盖力弱，笔触清晰。

马克笔技法讲究笔触的排列与穿插，运笔要肯定果断，可以适当留有空白，但切忌反复涂抹，运用马克笔表现阴影和图案时，应本着“先浅后深”的着色顺序，多色重叠会造成画面的脏浊，一般情况下在两色重叠后，可用彩色铅笔继续加深阴影或提亮高光，还可以与水彩、钢笔结合使用。

（2）彩色铅笔的表现技法

彩色铅笔色彩柔和，质地细腻，使用便捷，是一种容易掌握的绘画工具，彩色铅笔分为普通彩铅和水溶性彩铅两种。普通彩铅的性能与绘图铅笔基本一致，用笔讲究层次关系，可以运用虚实笔迹的不同进行细节勾勒和整体涂抹，真实地表现服装造型和面料质感。上色时应注重多种颜色的混合使用，在统一的色调中寻求丰富的色彩变化。水溶性彩铅在普通彩铅的基础上加入了水彩的性能，因此在需要强调色彩效果时，可以将水渗入已画好的彩铅中，按照作者的意图任意晕染，以得到虚实交替的层次感和真实生动的画面效果。同时，彩色铅笔也可以与其他绘画工具结合使用，准确地表现服装造型和面料质感，如水粉、水彩加彩色铅笔，彩色铅笔加钢笔等。

（3）油画棒及综合技法

油画棒与蜡笔不仅具有色彩艳丽、醇厚，覆盖力强等特点，而且具有粗犷、豪迈的表现风格，多用以塑造粗针织、粗纺花呢等厚重质感的面料。油画棒与蜡笔均属于油性绘画工具，因其油性较强且质地粗糙，所以常与水彩、透明水色等水性颜料搭配使用。一般先以油画棒和蜡笔绘制纹样，再施以水彩颜料，因油质颜料不易溶于水，所以可以凸显出原有的纹样，从而表现出丰富而夸张的肌理效果。

（4）色粉笔的表现技法

色粉笔是一种质地极为细腻的粉状绘画工具，在绘制时，色粉线条因粉末的流散而呈现出丰富的变化，给人朦胧、随意、洒脱之感。使用色粉笔时，要注意运笔的虚实变化，既可以强调保留笔触，又可以直接用手或软纸揉擦混合色彩，使色彩衔接自然而细腻。

（5）有色纸及拼贴的运用技法

在有色纸上进行时装绘画有两类基本方法：其一是利用深色底纹纸反衬白色或其他浅色服装，表现出其色彩的亮丽，或是借用纸张的丰富肌理来突出面料的特殊质感；其二是利用色纸绘画与拼贴相结合的方法，增加画面的层次肌理感和装饰效果。

第四章　多维视角下服装与服饰品创新设计

第一节　可持续时尚视角下服装和服饰品的创新设计

一、可持续时尚的必然性

20世纪60年代时尚之风席卷全球之后，对新颖的非理性追求在工业化及大规模产业化之后愈演愈烈，从工业社会开始，为了追求时尚已经形成了高能耗、重破坏的现代化模式。全球时尚的循环周期在19世纪可能10年一循环，在近30年就是一季一循环，这意味着时尚界再无主导的风格，时尚的消费者再无稳定的品位。结果是审美的恐慌与产品迅速淘汰带来的资源、能源的高消耗。时至今日，服装产业碳排放占全球10%，消耗了世界上20%的水资源，每年有超过210万吨纺织品被丢弃。时尚产业是世界上排名第二的环境污染产业。节能降耗、减少浪费、提高服装产业节能效率已刻不容缓。

自20世纪70年代以来，“可持续”在各行业内都渐成风潮。为了后代更好地生存，人们开始调整自己的价值观念，将自己的生活抹上绿色。可持续时尚也称生态时尚，是可持续设计理念和思潮的一部分，其目的就是要建立起一个系统，能够持久地担负起对环境、社会的责任。它包括尊重劳动力，高效利用能源，使用可再生能源，并且在生产过程中降低染料对环境的影响，但最为直接的是对于服装材料的选择。据统计，在所有原材料转化成织物的过程中，至少有8 000种化学物质排放到环境里面。据统计每件服装的生产平均有15%～20%的面料在服装裁剪环节被废弃，每天都有成千上万吨的废弃面料从生产线被送进垃圾填埋场，全球的面料浪费总量惊人。有效提高面料使用率是减少服装产业碳排放，促进时尚可持续发展的重要举措。人与自然和谐共生是和谐社会的追求目标，也是纺织服装产业的责任与义务。

二、服装产业的可持续研究

随着环境污染、能源短缺问题的日趋严重，时尚可持续发展理念已成为纺织服装产业的热门话题。因此，国内外的学者都针对这个问题进行了大量的研究和讨论。主要涉及减少化学污染、提高面料使用效率、研发环保原料、探索循环经济等领域。目前，已取得的成果是从款式设计、余料再利用及制版方法等方面解决面料浪费问题。款式设计主要指一衣多穿的设计模式，探索同一件服装的更多穿用可能，提高服装的穿用寿命从而减少浪费。余料再利用主要指将裁剪剩余的15％～20％的废布再利用，可以进行面料再创造或制作成服饰品等减少面料浪费。从服装制版上有“一块布”设计及“零浪费”制版等方法解决面料浪费问题。“一块布设计”，指的是整件服装展开后为一块布料，只在必要的部位剪开却并不剪断。零浪费制版，即在服装制版及排版中追求面料的“零浪费”。目前国内外对于“零浪费”制版的研究多从平面板型出发，进行零浪费的纸样设计，推崇纸样先行的零浪费设计思路，从平面制版、排版的角度设计服装样板，达到面料的完全使用，不产生任何废料。但是，服装款式受样板影响较大，从“零浪费”平面板型出发的服装款式往往缺乏多变性及时尚性。

目前，衡量服装材料是否符合生态考虑，有三个标准：少用有毒化学物质；少占地用水；减少温室气体排放。这三条需综合考虑。我们常以为丝、棉、毛、麻等天然纤维是绿色材料，它们的生产过程不像人造纤维一样需排放大量污水，但这仅仅是一个方面。比如，有软黄金之称的羊绒，产羊绒的山羊吃草时是连根的，大量繁殖就等于是在制造荒漠。纯棉更是如此，若是传统的棉花种植方式，一件T恤所需的纯棉材料在种植中需排放0.33磅的有毒物质，棉花种植占用了全球2.4％的耕地，却使用了大约11％的农用化学杀虫剂。而且，这些杀虫剂中通常含有磷胺、对硫磷和甲胺磷，在所有杀虫剂中这三样对人的危害是最大的。只有转基因处理的有机棉再利用免耕法、科学灌溉，才能有效地降低对环境的危害。麻、丝、毛等污染较少，但仍需经过合理、有效的处理。尼龙、涤纶等人造材料能造成大量温室气体排放。

三、可持续时尚条件下服装的创新设计

为了有效解决服装设计过程中的面料浪费问题，可以采用创意立体制版的方法。所谓“零浪费”设计，指的是设计师们在进行服装设计时，会花费过多的精力于如何在平面面料上分割板型，但通常情况下，为了达到面料的绝对利用，一般会选择而牺牲服装的款式审美。因此，需要突破“零浪费”平面制版对款式变化局限性，研发出“零浪费”创意立体裁剪制版方法。这要求设计师们采用创意立体裁剪的逆向思维造型方式，在造型中创意，充分利用好手、脑、眼的互动，适形造型，不断碰撞出款式的偶然性。在达到面料零浪费目标的同时，探寻更多的款式变化可能，拓宽“零浪费”服装的设计思路。

以下是经过大量立裁实验所得出的“零浪费”创意立体造型制版体系，由多余面料的量化处理、零浪费编织处理、零浪费拼接处理三大理论方法体系构成。

（一）多余面料的量化处理

服装以人体为中心，围绕三维立体的人体展开，而服装面料是二维的平面。将二维平面的面料适合三维人体曲线做出服装，这一过程就产生了余量。传统的做法是将多余面料剪去，在使面料适合三维人体的同时，剪去的面料也形成了浪费。多余面料的量化处理，即余料量化处理法是选用整幅面料，对面料需要适合人体处的余量进行“以褶代剪”“以省代剪”“以空间代剪”等创意立裁造型方法进行适合人体的服装形态塑造。

1.“以褶代剪”造型方法

“以褶代剪”造型方法，即将产生面料余量的部分，根据所处人体部位特点，采用打褶的立体裁剪技术技巧进行适形造型。褶不仅起到装饰服装的美化作用，更是处理面料余量和塑造服装人体造型的绝佳手段。产生在人体不同部位的褶，会根据人体起伏调整褶的折量以达到使面料适合人体的塑型目的。

采用“以褶代剪”法时，应灵活运用创意立体裁剪造型方法，将面料余量根据人体特点及服装廓形进行造型设计，使余量褶自然融入整体服装造型中，避免突兀、不符合整体服饰气韵的余量褶设计。

2. “以省代剪”造型方法

“以省代剪”法，是把在人体不同部位产生的面料余量以捏省的方式进行处理，此种方法在常规服装造型制版中也较为常用。省即是对人体差量的处理方法，常出现在人体隆起部位，如胸部、肩胛凸、臀凸、肘部、膝盖等处。

在使用“以省代剪”法时，不应拘泥于常规的省道形式，应充分利用省道转移技术，将省量围绕人体凸点进行多方位转移，运用创意立体制版方法寻找合适的人体部位进行适形塑造。并且省道形式也可进行多样化处理，除“有形省”（常规的能够马上识别的省道形式）外，还可拓展“无形省”形式（非常规省，不易识别的人体差量处理方式），如褶皱、悬垂、缀缝、解构等。

3. “以空间代剪”造型方法

空间是立体裁剪制版研究中最为重要的问题，服装与人体之间、服装各部分之间，面料与量感之间的“空间型态”关系是立体裁剪制版研究中的重点问题。

“以空间代剪”法，是将人体不同部位产生的面料余量转化为“空间型态”，在空间转化过程中，要反复斟酌面料余量与其所处的人体部位与服装其他部分的微妙关系，也可利用省道转移技术将余量转移至人体其他部位进行空间塑造。运用创意立体裁剪制版方法在人体上不断探寻，将面料余量巧妙地塑造为优美的空间型态。

（二）零浪费编织处理

零浪费编织处理法是将整块面料裁剪成45°斜丝条状，再根据设计款式在人体上进行编织造型。只要充分利用好所有的条状面料，便能达到面料零浪费的目的。

1. 零浪费编织的技术原理

零浪费编织方法的技术原理与传统手工技艺织毛衣类似。在针织服装中，一缕纱线便能够织成一件完整的服装。纱线呈细条状，与人体接触面积小且交织紧密，可随立体的人体起伏回转，并不会像整幅的梭织面料那样，与人体接触面积较大，会因人体起伏产生面料余量。可以说针织服装能够真正实现面料零浪费的目的。

在使用梭织条状面料进行零浪费编织时，可采用传统的编织方法，如十字编织、人字编织、菱形编织等有规律的编织方法。

2. 零浪费编织的空间塑型

零浪费编织并不是简单的平面编织，在编织过程中可通过调整经纬条状面料的编织状态达到适合人体起伏、塑造空间形态的作用。

为了更好地适应人体及空间的起伏、转折型态，整幅梭织面料应裁剪成45°斜丝条状，利用斜丝的可变性适应更多的曲度造型。在编织过程中若遇到人体凸出与收进起伏较大部位如胸腰、腰臀等处时，可相应调整经线与纬线编织物的结合状态，使其适合人体的起伏变化，达到既适合人体，又能够收进面料的余量与省量的作用。实际零浪费编织作品，利用条状面料的交叉结合，将胸腰之间的余量分散进此区域的编织结构中，达到胸部突出、腰部收进、面料零浪费的造型目的。

零浪费编织法的灵活性及可持续性，使其不只是做到适合人体收进余量，更能够根据设计需要，结合人体支撑点编织出立体起伏的空间型态，以达到更多的造型可能。

（三）零浪费拼接处理

零浪费制版中，已出现的拼接制版方法是将面料碎片化，拼接或镶嵌在人体上。削减整片面料在人体上塑型时必然产生的余量及面料的边角余料。碎片化的面料能极大程度地减少面料浪费。

四、可持续时尚理念在服装设计中的其他应用

（一）零废弃纸样

零废弃纸样是指在平面打版的过程中插入一个检视的过程，整个过程主要把纸型依据布料宽幅大小进行完整的排列组合，再进行一些细微的调整。在这个过程中，设计师可以根据自己的需求对板型进行调整，展现出不同效果的成品，在反复检视布料使用率的过程中，取得了设计与美感之间的平衡。

（二）耐用设计

耐用设计主要是在物质设计的基础上，通过制作工艺与材料的优化，配合经典的颜色和款式进而满足消费者需求的优质服装。这样的设计方式

在一定程度上减少了资源的消耗与环境的负担，可以称得上是长期不过时的设计，让服装类产品拥有了持久的价值。

（三）升级再造设计

升级再造设计的定义其实有很多，网络上也很难找到其确切的定论。升级再造设计一般默认为将物料回收再用，制造成价值高于改造前材料的方法。其实，升级再造作为可持续设计的方法策略之一，与降级回收对比，升级再造属于回收和再利用消费前的纺织品废弃物，制造价值高于改造前材料的产品的方法。

（四）情感化设计

情感化设计主要是以消费者与服装的关系为出发点，通过消费者与服装情感上的共鸣，推动消费者对服装的情感投资，进而展现服装的长期价值。这种设计方法属于面向个人用户的设计。它需要与消费者有着情感方面的交流，从情感的角度促进产品与消费者之间的情感联系。这种设计方法也属于可持续理念设计。特别是将手工艺加入服装的制作当中，这种方法很容易让服装带有情感性。在服装中加入情感方面的投资以后，它便有了除了穿着之外的收藏性与增值性。这也间接延长了服装的寿命。在情感化的服装设计中，设计师会更加去做注重消费者的喜好，得到符合其个人情感的设计。

第二节　文艺复兴视角下服装和服饰品的创新设计

一、文艺复兴时期的服饰特点

文艺复兴发生于 14 世纪至 17 世纪的意大利，是一场思想文化运动，后来逐渐扩展到欧洲各国。当时的欧洲在教会的统治下，文学艺术和科学技术几乎停滞不前。在这样的背景下，一些先进的知识分子借研究和恢复古希腊、古罗马的文化艺术，抨击宗教至上，反对禁欲主义，批判来世观，提倡以人为中心，倡导人生应追求现世今生的爱情、幸福和享受。他们宣传人文主义的思想，反映新兴资产阶级的利益和要求，进而扩展到欧洲各国，带来人类文明史上一次意义重大的变革。

文艺复兴的影响几乎波及政治、科学、经济、哲学、文学、艺术等所有的领域。文艺复兴时期所出现的文学艺术、科学、建筑等方面的辉煌成就和众多著名人物一直被后世所传颂。同样，这股文艺复兴思潮也带来服装设计史上的一个重要里程碑，文艺复兴时期人文主义思潮对服装设计的影响得到充分表现。文艺复兴时期的服装体现出人们对人性美和人体美的渴望欲和表现欲，反映在服装设计和服装制作对两性特征的区分和男女性别美的强调上，服装设计和服装制作关注到性别美的表现差异。这个变化一直影响着欧洲乃至整个世界服装设计的风格，至今仍是世界服装设计的主流。

文艺复兴时期欧洲服装已从中世纪之前平面的、不显形露体而且包裹得严严实实的造型逐渐转变为立体的、华丽复杂的强调性差的夸张造型。对个人意识的追求非常强烈，服装风格非常奢华以及夸张。具体而言，主要有以下几个方面：首先是服饰有着非常丰富多彩的面料，还有着相当秀丽端庄的纹样，体现出一种非常厚重的织物风格；其次是有着相当繁重复杂的装饰，可以在服装上见到很多的切缝、闪耀的金银珠宝以及刺绣等，受这种文化思潮影响的设计师设计出来的服装风格普遍趋向于奢华浓重；最后是有着众多的品格，不管是小到丝袜手绢，还是大到礼服长袍，各种品格都有。整个文艺复兴时期的服装都在强调一个共性：那就是性别的极端分化，突出人的性别美、造型美与曲线美。整个文艺复兴时期的服装大体分为三个阶段：意大利风时期、德意志风时期和西班牙风时期。

意大利风时期的服装最大的特点是使用华丽的面料，面料常使用天鹅绒、织金锦、缎子等，外衣局部可窥见白色亚麻内衣，袖子可拆卸。男子穿外衣裤子的搭配组合，女子穿腰部有接缝的连衣裙，内衣部分从外衣缝隙处露出，与表面华美的织锦布料形成对比，进一步衬托出美丽的布料。

德意志风时期的服装特点是裂口装饰。裂口装饰又称斯拉修装饰，不管是男装还是女装，都喜欢在身上规整地作出斯拉修装饰，男子下装紧身裤外穿有膨胀短裤，以及用裘皮作为衣领或服装缘边的装饰。切口服装也叫雇佣兵步兵风格，原意是作战中用刀、剑等乱砍、劈刺、割伤的样式，引申为切口、裂缝、开衩，或开缝于衣服上的装饰。

西班牙风时期的服装最具代表性，整体造型威严正统，服装上大量使用填充物，袖子中也有很多填充物，男女服装的领子都有白色的褚饰花边拉夫领。除此之外，女装造型上出现了裙撑和紧身胸衣，这构成了女子服装的二部式。而这种为夸张女性曲线的反常规美的造型影响了之后整整4个世纪的女装造型，现代设计师们也在不断使用这样夸张的造型，可见西班牙风时期的服饰造型的影响深远。

二、文艺复兴对现代服装创新设计的影响

现代服装设计一定程度上仍然受到文艺复兴服饰文化的影响，这种影响表现在多方面。比如在很多国际时装周的服装发布会上，可以看到其中有不少著名设计师的作品灵感来源于文艺复兴时期的服装。

同时，在当代的时装舞台中，很多的法国时装还是坚持文艺复兴时期的设计传统，在一些高级奢华的女装上仍能看到繁重的装饰，这种设计带有明显的文艺复兴时期女装风格。可以看出现代的服装设计当然不再像文艺复兴时期那样的夸张和奢华，但仍旧受到了文艺复兴时期许多流行设计的影响。

（一）流行的切口装饰

切口装饰最早使用在欧洲雇佣军的服饰上，这种切口装饰最流行的时候却是在文艺复兴时期，最流行的地方则是德国。这种切口装饰就是将衣服收紧的部位给剪开，然后再选择其他颜色的布料，将其在裂缝的下方位置进行缝合，一般会选择丝绸。人穿上这种服饰，一行动会产生瑟瑟的声响。因此，这种服装也被人叫作“撕裂的衣服”，并且很快流行于欧洲的贵族名流中。在德意志风时期，切口装饰服装先在下层阶级中广泛传播，然后进一步流行于贵族阶级。在现代，很多设计师仍然钟情于这种设计风格，尤其是朋克风格流派设计师，对裂口服饰或者是切口服饰更是非常推崇。但是朋克风格流派设计师也是将这种设计进行改良之后再在服饰当中使用，而不是简单地生搬硬套这样的设计。朋克风最流行的时期就是20世纪70年代，那个年代牛仔裤可以说是最流行服饰，切口设计也因为牛仔裤而被进一步发展。那时候的朋克一族非常热衷于牛仔裤，设计师抓住朋克一族喜爱牛仔裤的心理，将切口设计应用其中，让这种裤子朋克效果更加突出，制造出了切口牛仔裤的流行浪潮。

（二）基型在现代婚纱的应用

文艺复兴时期风格的女装中强调上紧下宽的服装廓形和女装的分体裁剪结构。这种服装基型一直延续到“一战”之前都成为日后女装发展的基本造型。在现代服装中，日常生活服装虽已经日趋简化且朝着多样化的方

向发展，但这种最能体现女人魅力的服装廓形却没有被人们舍弃，常应用在婚纱和礼服设计当中。在现代婚纱设计中，虽然各种风格类型的婚纱层出不穷，但婚纱设计的原点和终点一直都是秉承着文艺复兴时期女装基型的优雅和高贵。最初的婚纱设计可以说是文艺复兴早期意大利服装的缩影，上身紧窄，装饰主要集中在领口附近。当然婚纱的领子也脱离不开意大利风时期的造型，深“V”字领、盆形领和弧形领是最早婚纱设计的基本领型。袖子的设计也是必不可少的，袖子在优雅类型的婚纱设计中更能够提升服装的品位和修养。袖型除了直筒袖型和喇叭袖型外，都与文艺复兴时期的服装有着异曲同工之美。而现代婚纱和礼服设计中裙撑的使用和上窄下宽的基型构造也得益于文艺复兴时期服装风格给设计师们留下的珍贵参考。

（三）填充衬垫在肩袖设计中的产生

文艺复兴时期西班牙服饰设计呈现出另外一个比较明显的特征，即服装的很多部位都选用了很多的填充物。在中世纪，很多的男性上衣皆选择了填充物进行填充，这样做的目的是充分鼓起衣服的肩胸，让男子的上身看起来更加宽阔威武。到了文艺复兴时期，人们对于衬垫的使用变得更广泛。现如今，肩饰以及填充衬垫的应用这种出现并流行于文艺复兴时期的填充手法在众多服装设计师的改良之下，已经可以在很大程度上体现服装的装饰性、时代性。通过比较现代流行服饰的发展，我们可以发现肩饰以及填充衬垫的应用有一个淡化—流行—淡化—流行的发展趋势。最典型的例子就是20世纪八九十年代女性服装流行使用垫肩装饰，这种装饰本来只应用于男士的服装中，在女士服装中引用的时候有一种特别的韵味，同时最近几年高垫肩的设计手法仍在发展，并且又发展出了特别的设计。这种服装和服饰品的创新设计也是对文艺复兴的一种延续。

（四）华丽配饰的应用

文艺复兴意大利风时期，服装以使用华丽奢侈的材料和装饰所著称。人们希望更多地在服装上和身体上加入美丽的配饰，从而显示财富与地位。各式琳琅满目的珍珠和宝石被人们有序地镶嵌在服装中、头饰上，甚至是鞋帽上。在德意志风时期的女装中，就开始出现了重叠佩戴项链的习惯。在现代的时尚女装中，许多设计师仍会使用意大利风时期的繁重华丽的设计来达到古典华美的设计效果。当代人们也会在婚纱、礼服和日常服装中采用各类重叠搭配项链的手法。造型夸张的假珍珠毛衣链在前几年开始流行。

三、文艺复兴时期服饰文化对后世的意义

文艺复兴时期在人文主义感召下明确强调两性差异和性别美的服装文化对后世的影响持久而深远。尤其文艺复兴时期的贵族女性服装成为女性服装的经典，一直散发着瑰丽的光彩。人性解放的标志首先是女性的解放，文艺复兴时期倡导的人文主义使女性的解放提到了文化的高度，女性社会地位的变化也是使女装丰富发展的一个重要因素。所以无论从物的角度（女装）还是从人的角度（女性）看，文艺复兴及其人文主义带来的服装设计上强调两性差异和性别美的意义是巨大的。女装与男装明确彻底分离后获得了广阔的自由发展空间，服装风格的变化在很长一段时间里主要表现为女装的变化，甚至提到服装风格的变化人们的脑海里瞬间出现的就是多姿多彩、千变万化、美妙绝伦的女装。许多经典女装成为艺术品，具有极高的审美价值。女装独立后给了许多艺术家和服装设计师们充分施展才华的机会。使亿万女性能够通过服装展现女性本身天工雕琢的人体美和性别美。可以说，文艺复兴时期服饰特点最重要的意义是解放了女性的自由，女装从此不再单调乏味缺乏变化。女装的变化与丰富使女装成为艺术品，不仅仅是服装这个简单的定义，同时文艺复兴所倡导的人文主义确立的服装设计上的性别差异与性别美奠定了女性与女装的社会地位和艺术地位。

一方面文艺复兴是人文史上绝无仅有的一次大革命，这场思想运动给文化、艺术、科学、政治带来的影响是史无前例的，也给服装艺术的发展带来了巨大的影响，尤其表现在对强调人体本身的基础上，突出性别美和曲线美，这为女性和女装社会地位和艺术价值的提升起到了极大的作用。从另一方面来讲，文艺复兴中的服饰文化也源源不断为日后的服装设计师提供灵感，时至今日仍旧影响着一批又一批的服装设计师。

第三节　跨界融合视角下服装和服饰品的创新设计

21世纪，随着服装设计行业竞争力的增加，服装设计的内容更加雅俗共赏，吸引着更多消费者的关注。在现代化发展过程中，不同款式、不同

风格的服装层出不穷。21世纪的各类艺术设计出现了互相融合的新特点，各式各样的跨界行为使整体表现效果出现了较为显著的突破。同时，大艺术与大设计的相关理念已经成为当前艺术家的共同认知，这一条件促使艺术向包容性、自由性快速转变，实现了优秀的跨越表现效果。此外，跨界行为也可以使艺术设计摆脱传统行业的局限，达到拓展应用宽度的目标，相对于传统模式更加接近艺术的基础理念，具有重要的发展意义。服装设计进行跨界融合有利于服装设计的进一步发展。通过跨界融合，使不同行业、领域的交叉创新，推动服装设计焕发新的生命。对于服装设计行业来说，符合时代的发展趋势才能推动服装设计的发展，优秀的服装设计师应当培养跨界融合的能力，将历史文化以及不同行业的时尚元素相互融合，以符合社会的发展趋势，并培养创新能力和想象力，学会善于利用不同元素激发灵感，丰富服装设计的内容。

一、跨界融合对服装创新设计的意义

跨界融合指的是将两个不同的领域和文化意识形态等事物的相互融合并产生一种新的行业领域新模式。跨界融合是当今时代的一种新兴概念，与时代的发展相挂钩，跨界融合将不同领域的文化风格相互融合渗透，为设计行业增添丰富多彩的设计元素，能够有效地激发设计师的灵感，产生许多奇思妙想和创意。跨界的本质是创新，在现代社会的发展过程中，许多企业通过跨界的方式创新行业内容，有效地利用资源，发挥资源的最大效用，创造文化价值。跨界融合可以帮助设计师合理利用不同领域元素之间进行交叉创新，让服装设计更具有原创性，打破时间和空间行业的界限，促进创新思维的发展，采用多元化的视角观察事物、创新思路，展现出丰富多彩的文化作品。

（一）充分体现服装质感

在当今的服装设计中，设计师们都很重视面料的选择，面料对服装的造型起着重要的作用，服装面料的材质体现着服装的质感，面料的肌理与花纹的搭配恰当，才能创造出优秀的服装设计，面料的材质也可以与服装的花纹相得益彰，深刻表达设计师内心的情感，展现出独特的个性。因此，为了达到跨界融合的目的，设计师需要从多个领域获取元素，进行不同风格款式的设计，突破设计思维的局限，创造出更加优秀的服装设计。设计师们也可以将服装设计与工业等多个行业联系起来，将各种元素交叉创新并结合现阶段的流行趋势创造出属于当代风格特色的服装设计。比如设计师利用丝绸的高贵感设计出高级定制的服装，并融入中国传统历史文化，提升服装设计的文化价值和内涵，展现出独特的高贵视觉体验。

（二）提高色彩表现力

服装的色彩是消费者第一时间就能直观感受到服装设计特色的要素，运用好色彩的搭配能够提升服装设计的高级感，色彩是一种视觉化的语言，可以直接表现出设计者的思想情感，表现出服装的风格，展现特有的个性。在现代化不断发展的过程中，服装呈现的颜色丰富，款式花样颇多。设计师们运用跨界融合结合消费者色彩心理学和多样化的时尚元素设计当代服装，表达时代的特色，凸显消费者的特点风格，设计出优秀的服装作品。比如，设计师可以针对不同的人群，对不同款式的色彩有所搭配，年轻人个性独特、追求时尚、热情，可以采用暖色调等强烈冲击较大的色彩进行设计，中年人成熟稳重，可以采用黑、白、灰色调相互搭配设计。设计师也可以根据季节的不同转变设计服装色彩，冬季穿衣比较厚重，设计者可以采用单一的颜色设计相应的服装，夏季穿衣比较单薄，设计师可以采用多种颜色拼接设计。

（三）展现服装设计细节特色

充分展现服装设计的细节特色可以提高服装设计的美感，尤其是在图案的选择与表现方式上，颜色拼接以及不同层次的混搭，袖扣、领带、袖子等不同风格的设计都可以展现出服装的美感。设计师从细节入手可以表现服装设计的内涵，提高服装设计的价值，展现出独特的设计风格。设计师采用跨界融合可以根据消费者的喜好为消费者进行量身定制，服装设计师根据消费者的身材、外貌、职业等选择合适的面料，在细节上展现出与消费者职业相关或是相应场合穿着的细节，从而提高消费者的参与度与互动性，让服装更具个人特色。设计师还可以根据消费者的职业添加跨界元素，丰富服装设计的内容，比如可以给园林设计师的服装添加花草树木的图案，采用墨青色的颜色，不仅要为消费者打造旗袍等多种样式的服装，还需把设计作为表达情感的作品，满足消费者的需求，从而提高服装设计作品的价值与文化内涵。

（四）为服装设计带来潮流趋势

在未来文化建设领域，跨界融合意识会被设计师与艺术家相互应用，将其内化为基础含义与生活模式。在社会大美术理念逐渐成为主流的条件下，美术设计需要创造表现效果优秀的物质生活内容，并将其与环境相互关联，实现全民审美、全民设计的目标。服装产业会因为跨界融合而与社会大众紧密关联，能够快速传达审美特征，因此具有重要的经济意义与艺术意义。通过将跨界融合理念与服装设计相互结合，能够有效拓宽服装的买卖市场，使其灵活性进一步提升。因此，可以认为跨界融合已经成为当前服装设计的核心内容之一，跨界已经成为每一位服装设计师必须学习的功课之一。为了达到理想的应用目标，需要针对跨界融合的本质进行研究，确保其能够正常应用于服装设计环节，进一步强调其创新性、独特性。通过这种方式，可以有效提高跨界融合的潮流应用效果，使其可以与整体服装设计行业相互融合，诠释服装本身的唯美性，达到最佳艺术思考目标，为后续的概念应用与超前设计提供理论基础。

（五）满足服装设计多元化需求

当前社会的商品供应较为充足，而需求相对疲软，对于外在的符号价值以及象征性要求远远超出基础使用价值与相互交换的寓意。在这种情况下，服装设计行业为了满足消费者的要求，需要将外在的符合性进行强化，使其占据主导地位，达到良好的引导效果。消费者购买服装商品时，将不再仅仅满足基础需求，还会进一步拓展审美观念与生活模式，对整体行业的跨界发展具有重要的影响作用。因此，为了达到良好的服装设计效果，需要针对跨界融合进行深入整合，使其能够与外在美感、内在品位的概念相互影响，强化服装设计的合理性与价值性。当前，大量服装设计流程根据跨界融合的概念进行了规划，实现了良好的美感元素植入效果，使消费者能够有效满足自身的服装文化概念与符号价值需求。当前消费主义与服装艺术的结合已经成为时代趋势之一，艺术与传统生活方式的界限开始逐渐模糊。在这种情况下，艺术功能与其基本属性能够与寻常人士的生活相互结合，实现良好的基础效果。服装是人们生活中的必需品，其不仅满足保暖的需求，还要表现出优秀的美感。构成服装的基础元素除色彩、工艺、面料外，还需要加入深层美学内涵，使其能够充分贴合相关需求，达到理想的信息传达效果。因此，服装设计行业既要体现社会的发展状态，还要承担群众审美需要的关键任务，尽可能通过跨界融合的形式，达到理想的美学交融效果。设计师能够通过多种有效的途径进行规划，使跨界行为可以逐渐成为行业常态。在多元消费观念的影响下，服装设计将进一步向应用性、实用性方向发展，逐渐展示跨界融合行为的效果，为后续的设计与销售打下坚实基础。

跨界融合能够大幅强化整体多元性，使服装产业能够满足社会的多元性需求，充分发挥美感传达功能，为人员提供个性化、新颖化的表现效果。为了达到这一目标，跨界融合行为也需要综合传统艺术的基础理念，进一步寻求多种条件下的元素碰撞，阐明尝试的表现效果，使其能够为服装本身提供广阔、多元化的应用空间，引领群众向全新的艺术审美观念靠拢，实现设计发展与美学观念进化的目标。

（六）有利于服装设计师掌握基础限度

跨界融合在当前已经成为服装设计领域的流行概念。这一概念能够为服装设计带来全新的变革机会，具有重要的商业意义。同时，其也有利于拓展服装类型，使其能够区域多元化发展，达到良好的革新目标。在服装设计类型逐渐混杂的状态下，应当采取多元化跨界方式，使相关理念能够进一步拓展至服装设计的各个领域，达到最佳应用效果。但是，在服装设计流程中，不仅需要注重元素的堆砌，还需要管控其基础限度，确保其不会超出群众能够接受的范围。服装跨界虽然属于创新之举，但是仍然需要放弃经典元素内容才能够达到良好的应用目标，在这种条件下，必然会出现失败的服装跨界设计。为了避免这种失败造成的商业损失干扰服装设计行业的正常生态，设计师需要明确跨界理念的应用力度，尽可能使其贴合基础需求，降低出现问题的概率。服装设计跨界属于商业化与产业化的融合产物，因此在竞争较为激烈的群众市场内，服装设计需要整合多种资源进行组合，使其能够发挥创意效果，并提供较为优秀的商业利益。但是，如果商业资本介入过深，便会导致跨界融合的根基被动摇，导致不合理的设计问题出现。因此，需要重视对服装跨界限度的掌控，并使这一理念能够在拥有约束的条件下进行传播，为服装设计行业与相关人员提供重要的参考，实现优秀的发展目标，提高整体经济效益。

二、培养服装设计的跨界融合意识

跨界融合意识包含了创意思维和跨界意识两个方面。

（一）培养创意思维

1. 创意思维在面料中的应用

服装设计中面料的选择决定着服装的造型肌理和穿着舒适度，如果先设计款式再去寻找适合的面料就会有局限性，可能找不到适合面料对应设计的款式和风格。如果先选择面料再去设计，就会面临设计难以实现的风险，又要浪费时间二次寻找面料。创意思维强调的是边寻找面料边设计，打破思维局限、大胆尝试，强调跳跃性思维和灵感的闪现，加上合理的设计，创造出优秀的作品。

2. 创意思维在颜色款式中的应用

服装设计中另一个重要的方面就是色彩的搭配。消费者在选择服装时首先映入眼帘的就是色彩和款式，新颖的款式和创意的色彩会给消费者留下深刻的印象。当今服装款式和颜色丰富多彩，培养创意思维，有助于在服装设计中吸引顾客的目光，在掌握目标人群的色彩喜好后结合色彩心理学，才能有效、精准和科学地搭配色彩。服装设计行业本身是时尚行业之一，需要根据多元化时尚元素，不断推陈出新，才能广受好评。

3. 注重细节的表达和展示

服装设计的细节之处就是服装设计创意的点睛之笔，创意思维能为设计细节提供灵感，它与服装的整体感觉有着紧密的联系。比如，服装的分割线直接暴露出来会给人生硬感，加上刺绣或装饰物不仅可以部分遮掩，还能给人一种时尚感。细节还表现在图案的选择上，在图案上加以创新，可以增加服装设计的额外趣味性和时尚感。面料肌理、拼接方式、层次分配等多处都可以体现设计创意，让服装增加美感，在细节中发掘创意，也是决定成败的关键之一。

（二）培养跨界意识

1. 培养跨界意识的理念

在现代社会的需求之下，服装设计呈现多角度发展，设计构思也不局限于实用性，不同的文化元素和潮流因素都对服装设计产生着影响。随着社会的变革，服装也呈现出了多元化审美的趋势。长期以来服装设计一直都由西方文化引领主导，但是近十年来亚洲文化的兴起，也为服装界带来了不一样的感受，比如曾经惊艳国际秀场的“龙袍”“青花瓷”“百福图”等服装作品，都是跨界设计产生的优秀作品，跨界意识是服装突破自我局限的切入点，培养跨界意识有助于服装设计的审美提升。

2. 培养跨界意识的意义

服装设计的任务不再只是满足生产生活的需求，服装的功能性还要兼顾人们情感和审美的需求，科技的进步和消费观念的转变，让服装不再局限于传统观念中。跨专业和跨领域的设计随处可见，层出不穷的服装面料也为服装设计与建筑艺术、音乐艺术、民俗文化、动漫文化等相结合提供了更好的便利条件。服装设计中，跨界意识已经成为设计师、设计教育者、设计专业学生关注的热门话题，培养跨界意识理念能为服装设计提供更多的灵感。

3. 培养跨界意识的路径

随着社会的发展，人们对服装的需求呈现出了多样化、差异化、个性化和审美化的诸多要求，这给设计师带来了新的挑战和施展才华的空间。要在服装设计中体现跨界融合，在设计的每一个环节都可以融入不同的元素，首先是培养跨界意识，这对设计者提出了高要求。设计者要注意观察生活，对于不同的领域保持好奇心，充分了解其他行业的代表元素，并能用消费者接受的表达形式体现在服装上。鼓励设计师融合不同领域的思想，大胆地进行元素转移，尝试不同材料剪裁，重组文化符号。跨界设计就是在不同领域探索，寻找路径，创造属于服装界的独特精神。

三、跨界融合在服装创新设计中的应用

在现实生活中我们可以观察到许多服装设计中存在跨界融合，下面探讨一些跨界融合在服装设计领域中的典型应用案例。

（一）服装设计与音乐相融合

服装设计与音乐相融合的经典案例，比如朋克风格服装就是从朋克音乐中得到启发所设计出来的服装，喜欢音乐的朋友都知道朋克音乐比较吵闹、活泼、杂乱，设计师在设计服装过程中融入了相关的音乐元素，采用扭曲和复杂的线条，绘出不规则的图形，加上复杂多样、杂乱无章的色彩，在细节上配备了黑皮和金属铆钉的元素，充分地展现出了朋克音乐的特点，将抽象化音乐形式通过具象化的服装表现出来，收获广大音乐群众的喜爱。由此我们不难发现服装的设计可以根据不同音乐的类型来进行组装颜色搭配、面料选择和细节搭配，服装设计师要通过感受音乐的形式，发挥想象力和创新力，从视觉上表现音乐的情感，迎合相关群众的喜好。

（二）服装设计与建筑相融合

服装设计也可以与建筑相融合，比如巴洛克风格的服装展现的就是巴洛克建筑风格，巴洛克建筑风格彰显的是浪漫主义建筑，繁华和厚重感巴洛克风格服饰在色彩上采用高级单一的颜色，通过蕾丝、褶皱等复杂的细节工序进行服装设计，这种设计是根据巴洛克建筑的特征进行的服装设计，与建筑跨界融合，可以展现出服装设计的特色，丰富艺术形式，将巴洛克风格表现得淋漓尽致，通过精美细致的细节设计，可以让观众在服装设计中感受到建筑的历史和风格特色，丰富受众的内心情感，提高服装设计的文化价值。

（三）服装设计与瓷器相融合

服装设计与瓷器跨界融合更加提升了服装设计的文化内涵与价值，服装设计吸收瓷器艺术可以使服装设计的内涵更加丰富。比如我国近代的传统服装——旗袍，运用跨界思维，将瓷器文化与之相融合，可以更加体现女性的端庄优雅的气质，在旗袍设计中引入传统图案，可以给旗袍增添文

化气质，显得更加古朴素雅，同时这种行为也传承了博大精深的瓷器文化，将瓷文化与服饰文化相融合，可以设计出更加独特的服装，收获更多群众的喜爱，旗袍的设计在于淳朴，所以服装设计者在颜色的选择上会采用偏古典的颜色，会选择相对舒适的面料，在细节上设计师可以为旗袍添加小荷包、小团扇，配上珍珠、宝石等配饰，打造出一件完美的服装艺术品，这样的服装设计可以提高大众的审美水平。

在服装设计的发展过程中，跨界融合意识广泛应用于当代服装设计领域。因此，服装设计师要转变思想，培养创新能力和跨界思维，采用新的设计模式，在服装设计中融入音乐、建筑、陶瓷等不同行业的元素，以丰富服装设计的内容。在服装设计的过程中，也要适当地继承与发展我国优秀的传统文化，提高作品的文化内涵，在服装设计的面料、颜色、细节处理等方面下功夫，以符合现代社会的发展潮流，与各个行业形成交流合作，将情感融入服装设计中，表达设计的情感，引发消费者的共鸣，从而促进服装设计向现代化发展。

第四节　时尚科技视角下服装和服饰品的创新设计

一、服装时尚设计是一种高科技活动

从现代设计艺术学的角度来看，设计是一种高科技的活动；设计艺术的形态中体现着一种科技美。人类通过设计，将新材料、新技术转化为产品，使之走入日常生活中而实现真正的价值。对于根据当今时代审美情趣创作、不断应用新型服装加工设备、新型服装材料等科学技术的服装设计创作而言，其设计思维、操作手段（工艺）以及制作材料也无不直接影响着服装外观形态的美感。因此，现代服装设计的本质是一种高科技的活动。服装时尚设计创作的过程是一个高科技应用的过程，服装时尚具有潜在的科技美感。

服装时尚所内涵的科技美在成熟的现代服装设计领域，已成为众设计公司、品牌服装所追求的新卖点。主要体现在：新材料的新视觉、新功能性、新技术等方面给人带来的视觉或心理、身体上的美感与享受等。例如，在简练的高级男装设计中，非常讲究精湛的工艺制作技术，先进的技术和加工设备不仅塑造良好的服装外形，使穿着者得体、舒适，同时又拥

有着一些低档加工设备所无法制作的造型细节与品质感，因此，即使款式简洁抑或大众，也因为这里面存在一种间接的科技美感而会有着很强的卖点。科技美感不仅给服装时尚增加了新的亮点，也为服装企业获取了高额的经济效益。

二、科学技术对服装时尚设计的影响

科学进步对服装时尚的影响是显著的，现代社会发达的科技水平，让服装最基本的面料由低效率的织布机生产变成手摇横机生产，转变为到全自动电脑横机生产，提升了服装生产效率的同时降低了生产成本，使得普通人开始考虑服装的新颖度、个性化和多功能性。这促进了服装设计的创新和进步。同时，科技的创新也为社会带来了新的生活方式、新的审美观念等也对服装时尚产生了深远的影响。

在信息化时代，服装设计师不再需要在纸上打版绘图，而是可以直接利用计算机软件就能完成从平面打版到立体效果图的所有步骤。科技发展使服装设计师在进行设计时有了更多选择，很多以往受限于科技水平而不能实现的构想在如今亦能一一变为现实。

（一）科学技术对服装时尚的直接影响

科学技术对服装时尚的直接影响主要体现在生产设备、染织整理技术、服装材料三方面。

生产设备的发展为服装时尚不断演变、发展变迁提供了可能。服装产业从工业革命的纺纱机、织机，到18世纪中期机械化缝纫机，再到21世纪后以自动化为主的纺织织机、缝纫机，服装时尚也随之走过了由手工定制、缓慢、单一样式到快速反应、瞬息变化、多样化产品的一个过程。现代专业机器、缝纫机、高速针织机拥有在一分钟内操作5 000到6 000针的高速操作动力；绣花机能够被设计成通过旋转刻度盘来变换不同刺绣的模式并且能够在同一时间在多块面料上刺绣一种花样；缝边机能够通过超声波进行“焊接”，利用黏合机器对两块厚度的面料进行黏结；一些机器甚至可以黏结纤维，使得新型的无纺织物比通过黏合成的一般无纺织物更加柔软和精巧。生产设备的发展提供服装加工制造重要的物质基础，从另一方面推动了服装多元化风格的形成。

染织整理技术主要包括制造和使用更多品种的人造纤维，制造人造纤维和天然纤维的混纺纤维，对常规面料进行艺术染织后加工。其技术的发展高峰在20世纪后期至21世纪初，直接目的是提高服装质量、外观和功能。例如，用于百分之百全棉织物上的Sanfor-Set液氨整理，能使天然纤维自行得到熨烫不再需要额外熨烫；从木浆中的天然纤维素提炼出来天然的人造纤维环保面料“天丝”，不仅为布料塑造出一种特殊、豪华的手感，还可制造出丝绸般清爽平滑、手感柔软如软皮革等多种不同的面料风格。再如，通过织金、机绣、水洗、磨刮等后整理手法处理的织物，赋予普通织物多样化、艺术化的感觉。新的织物后整理方法的发展，不仅在外观上增强了服装的视觉效果，还使得在过去不能流行的时尚成为可能。如亮白色因能抵抗日晒、雨淋或皂洗而不褪色立即被世人接受。褶裥在经过处理后不管水洗还是干洗多少次后仍能保持折缝，此优点让褶裥颇受欢迎。染织整理技术的发展减少了约束服装创作时须考虑的多种因素，赋予了服装时尚全新的外观。

服装材料的选择将使得服装的穿着风格呈现多样化趋势，给消费者多种肌肤触感。服装材料本身所拥有的垂感以及弹性也会影响服装造型。因此，服装设计师要想设计出高质感以及高弹性的服装产品，应将现代科学技术融入服装设计工作中，从而对服装的多种性能进行提高。比如，在服装设计过程中使用科技弹性材料酷美丝纤维以及莱卡纤维等，这种科技弹性材料属于人造纤维，在应用至服装设计中后可将服装的张力扩大4～7倍，此外还能赋予服装防霉、耐水解以及防止虫蛀等性能，从而提升服装材质的柔软性。此外，农科技的发展也对服装时尚的形成有一定的影响。农业技术的提高和完善会促进棉花、羊毛、皮草等原料品质的提升。高质量的种子、植物疾病更好的控制都有利于提高每亩棉花种植的质量和数量。机械化的设备帮助农夫种植和照料庄稼，并能在收获季节节约劳动力提高效率。科学化的喂养让羊毛的品质和数量逐渐提高。毛皮养殖业和畜牧业的完善发展为毛皮工业提供质量更加优良的毛皮。这些优质的服装材料对服装时尚有直接影响。

（二）科学技术对服装时尚的间接影响

服装时尚的发展变迁离不开当代社会的主流文化，而作为促使社会主流文化不断发展演变根本原因之一的科学技术，对服装时尚的形成与变迁有多方面的间接的影响。

首先，随着人们生活质量水平的上升，在思维观念上，影响着人们对时尚的选择。科学技术的发展，产生新的物质文化，使社会产生一种新的生活方式，改变了人们惯常的审美观念和道德观念。人们面对日益丰富的物质生活，面对日益发达的信息时代，产生了不同于以往时代的审美情趣，因而对时尚也有了不同的选择。消费者开始追求服装的时尚度以及个性化，因此现代科技在服装设计中的使用方式至关重要。随着消费者对现代化的服装设计要求变高，设计师只有对服装的材料以及造型进行艺术处理与创新设计，才能满足不同消费者的个性化需求。科技材料的使用可帮助服装设计师设计出引领潮流的服装产品，从而提高市场竞争力，吸引消费者的目光。

其次，在时尚流行传播方式上，影响着服装时尚发展变化的速度。20世纪初，各种信息的传播速度相当慢，一个地区的人们要知道这个国家另一个地区的人穿着什么款式的衣服，往往要花数周的时间，时尚流行保持着同信息传播一样缓慢的节奏。但随着科技的发展，电子时代的到来，电脑、手机成为传播时尚信息的媒介，著名的设计师为明星们创造特别的时尚，受大家喜爱的明星、肥皂剧主角和脱口秀主持人的服装和发型变换在第一时间传达到观众视野中。科技进步一方面推动了收集精英层时尚信息，另一方面又引导着大众时尚的传媒技术，为服装时尚的流行起着推波助澜、不可或缺的作用。

三、现代科技在服装设计中的应用

（一）发光材料应用

在进行舞台服装表演时，模特穿着可发光的服饰来展示更加绚丽的舞台表现效果，而这种发光服饰便是使用了现代科技中的可发光材料。目前，我国自主研发的可发光材料拥有紫外光光致发光材料、电致发光材料以及蓄能发光材料三种。其中光致发光材料使用二极管将电能转变为光能，从而产生光源，使得服装可以发光。同时在服装设计过程中还有一种现代科技发光材料被广泛使用，它便是稀土夜光纤维，这种材料可使用稀土元素的特点来将电子活动转化为光能，从而展现多彩的光效。对于服装设计师来说，在确保服装会发光的同时还应保证服装的造型以及线条，使用光线的方式来丰富服装设计内容，设计出具有较高美感的服装造型。而发光材料在服装设计中的使用使得服装设计开始朝着智能化的方向发展，因此服装设计师应充分发挥现代科学技术的作用，提高服装产品的实用性以及美观性，从而为社会创造更多的经济效益。

（二）形状记忆纤维应用

服装设计师要想设计出可以变形的服装产品，可在设计的过程中使用形状记忆纤维网。形状记忆纤维属于绿色环保纤维的一种，拥有较高的记忆功能，这种科技材料的使用可帮助服装产生一定的形状变化。而形状记忆纤维可帮助服装设计师“记忆”其原本的形状，只有在受到外力压迫或者温度降低后才会发生形变，一旦温度升高后又将恢复至原来的形状，形状记忆纤维的使用赋予了服装产品一定的舞台表演功能。

（三）变色纤维应用

变色纤维作为现代科技服装材料，可有效提高整体服装的造型设计。在进行服装设计的过程中，变色纤维的使用可以使服装产品呈现不同的颜色。有些服装品牌将变温材料用于牛仔裤的口袋部分，使牛仔裤可以对人体的体温变化进行感知，从而周围的人可以根据牛仔裤的颜色来判断服装主人的心情。还有些服装品牌使用温度液晶材料以及变色纤维制作变色服，也可根据人体体温的不同来呈现不同的颜色，从而为消费者带来神奇的视觉享受，使其感受到服装的乐趣。

（四）4D打印技术的运用

2015年出现了一款高科技面料——3D打印面料。Karl Lagerfeld在Chanel 2015秋冬的秀场上以3D打印面料制作的经典Chanel套装，自然地将高科技面料融入设计当中。然而用3D打印技术制作的服装存在难以塑形、穿着舒适性差等缺点，于是Nervous System工作室创造出了世界上第一款利用4D打印技术制作的连衣裙。所谓4D打印就是在3D打印技术的基础上进行改良，使其制作出的连衣裙完全克服了3D打印服装的缺点，具有良好的可塑性和舒适性。4D打印连衣裙最大的特点就是能够自行适应穿着者的体型以及所处环境，哪怕在跑步甚至骑行的过程中，都能保持贴合人体的状态。Nervous System工作室设计的4D打印连衣裙可以说是现代科技与服装设计完美结合的范例。

（五）航空材料的运用

国产品牌波司登采用航空材料设计了登峰2.0羽绒服。登峰2.0羽绒服最大的亮点在于首次在服装上运用航空材料，研制出了波司登3S面料。

这款面料是携手中国航空工业中心，共同开发的高科技面料，在航空材料的作用下，波司登 3S 面料在有着高强度、不易磨损、抗风防水特质的同时兼具了高舒适度和轻薄的优点。不仅如此，波司登 3S 面料作为一款羽绒服面料，它的保暖功能相较于上一代登峰 1.0 所用面料提高了 15%，这是由于波司登 3S 面料采用了和航天探测器同类控温材料，它能根据环境温度的变化而调节温度，原理是在温度高时自动储存热量，在温度低时持续放热来维持恒温。登峰 2.0 为更好实现保温效果，它的充绒技术采用了立体多层次技术，结构从以往的 3 层升级到 5 层，并为了保证鹅绒在整件衣服中均匀分布，还布置了一层纵向的结构。并且连一般服装最容易忽视的里布亦使用了热反射面料，通过吸取人体产生的热能并反射来达到更进一步的保暖效果。

（六）“随思而变”的概念服装材料的运用

来自荷兰的高科技服装设计师 Anouk Wipprecht 在一次科技艺术大会上展出了她设计制作的概念服装“Pangolin”。这件概念服装会用上千个微型传感器接收穿戴者脑电图信号再通过传感器把信号继续传输到相应的制动器上，这样就能控制服装上的小装置自由移动、发光，因每个穿戴者所发出的信号不同，这件概念服装呈现出的状态亦各不相同。

在设计“Pangolin”之前，Anouk Wipprecht 就已与英特尔合作过一款名为蜘蛛服的智能服装，这款蜘蛛服的原理同“Pangolin”类似，俱是通过收集人脑的信息呈现出不同反应。可以看出 Anouk Wipprecht 的概念服装设计并不是为了制造迎合市场需求的商品，她是在利用科技与勇于创新的精神去探索未来服装的形式。

（七）“气悬应候科技”材料的运用

国内运动品牌 361°凭借“气悬应候科技”开发出了气悬应候服“恒”。据介绍，气悬应候服“恒”的设计灵感来自科幻小说《三体》中“三体人”在灾难时脱水，到恒纪元时泡水复活的能力。其功能结构也十分具有科幻感，由于空气有着导热系数低的特点，气悬应候服“恒”将空气作为隔热层代替传统羽绒服中的填充物，实现了在不同的气候环境下快速改变服装厚薄度以满足人体的保暖需求，维持人体体温。空气作为隔热层的优点不仅体现在保暖方面，在降低成本、降低传统填充物的用量及保护环境方面也有不俗的表现。气悬应候服“恒”的优点获得消费者的广泛好评。

消费者对于服装设计的要求越来越高，为此，服装设计师在进行现代化服装设计的过程中应将消费者的需求放在第一位。根据不同用户的心理需求，使用现代科技使得服装造型设计向多样化的方向发展，设计出美观性较高以及性能较好的服装产品，在生态环境以及服装经济和谐发展的同时，将艺术文化以及现代科技融入服装设计的过程，从而满足市场需求，推动社会的可持续发展。

第五章　多维视角下服装类型与创新设计

第一节　多维视角下高级时装与创新设计

一、高级时装的分类

高级时装是具有一定的艺术性和引导性的服装，高级时装以其高雅、奢华的造型，昂贵、华丽的材料，以及精良的缝制工艺而在服装业中具有无与伦比的显赫地位。与其他服装所不同的是，高级时装的设计和制作是以单件套的形式出现的（不是批量生产的）。

高级时装一般包括艺术性时装、导向性时装和个性化时装，这三类时装虽均属于创意性的时装，但由于造型要素之间的差异，在设计上也各具特性。

（一）艺术性时装

所谓艺术性时装是指那些带有一定主题性和文化气息的时装。这类服装常常出现在一些时装设计大赛的参赛作品中。参加这类比赛的大多是一些才华横溢的青年设计师，他们的设计思维活跃，设计观念超前，不受传统框架束缚，锐意创新。

（二）导向性时装

导向性时装一般是指高级手工时装发布会的时装。是以展示性和传播性为主的时装设计，它常常代表着某一阶段内服装文化潮流和服装造型的整体倾向，起到一种引导国际服装市场和人们的穿着方式的作用。其设计一方面是建立在社会经济、审美观念和消费意识基础之上；另一方面是建立在流行色彩、流行织物和流行款式基础之上，并且遵循服装的预测和流行规律而完成。

（三）个性化时装

个性化时装设计是以某一个具体着装者的实际需求为出发点，设计对象一般是社会知名人士、著名演员、歌唱家等。他们在各自的事业中功成名就，具有良好的艺术修养或鲜明的个性特征，同时，显赫的社会地位使他们大都成为人们心目中的崇拜偶像。个性化时装应充分考虑穿着者的身份、性格、审美情趣的与众不同之处，在服装的造型及各种要素的处理上，体现出一种超凡脱俗的艺术格调及时代美感。

二、高级时装的造型

在高级时装设计的过程中，常常运用下列造型要素和构成形式。

（一）仿生设计

时装设计中仿生的应用形式是选择相应的材料和设计手法来模仿自然界中某种物态特征。自然界中可以仿生的生物形态概括为三大类别，即自然物态、植物形态和动物形态。对自然物态的仿生设计，大到天地山川、城市乡村等自然景观，小到构成物质的分子、离子形态；可以具象到真假难辨，也可以抽象到浑然不同。对各种植物形态的仿生可以直接模仿，也可以进行适型化，赋予自然形态以新的内涵。对动物形态的仿生作品则屡见不鲜。

（二）联想设计

联想是思维的表现形式之一，由于客观事物之间总是相互联系的，具有各种不同联系的事物反映到头脑中，就会产生各种不同形式的联想。因此，在时装设计中一般运用类似联想、变异联想、转型联想这三种形式。

形态和风格上具有类似特征的事物常常会形成类似联想：在时装设计中，将一些相似或同类的时装造型加以比较和研究，突破固定的模式而进行持续的相关联想，由多种造型变化最终达到联想的量与质的飞跃，从而取得所需要的理想的时装造型。如在最近的高级时装设计中，由民族文化联想到非洲文化、印第安文化等，从这些区域性文化和异族文化中借鉴和吸收其设计灵感而设计出新颖独特的时装造型。

在时装设计的构思和酝酿过程中，变异联想往往可以产生始料不及的和新奇别致的艺术效果。同时，变异联想可以使我们的设计思维摆脱已有的框架，从时装的款式、色彩和材料的构成要素上改变其造型特征，进而使时装设计更加丰富多彩。

转型联想即利用事物之间的相互转化因素，在时装造型与相关事物之间寻求一种内在的或外在的一致性和可塑性，通过对其形态转换、调整，或提炼等艺术处理手法，使之自然得体地表现在时装设计上，恰到好处而不露痕迹。在现代时装设计中，设计师们将家具、玩具、器皿等转型而用于时装造型，增加了时装的审美情趣。

（三）寓意设计

寓意是造型艺术中常用的一种表达手段，时装造型中的寓意设计是通过一定的物象特征来象征某种意义，用以传达和体现时装设计的某种特定的内涵。同时，寓意设计也可以采取含蓄的艺术处理手法，不是直接地通过具体的造型来表达，而是依靠具有一定文化素养的着装者的认识和理解去体会。寓意设计一般是通过时装的款式、色彩、材料及装饰形式来实现的，特别是在装饰手段中常常运用一些吉祥图案、图腾信物、宗教习俗等进行设计和造型。

三、高级时装设计要点

高级时装与其他各品种、各级别的服装同样都是商品，因此它们的设计构思有着相通之处。然而，高级时装的艺术性特征，又使其与其他级别的服装，特别是与大众成衣，在构思上存在极大的区别。高级时装设计的本质，是为女性创造正规礼仪场合穿着的时装，而大众成衣设计的本质是制造普通生活场合的服装，无论是外观形式还是内在意蕴，这两种着装均有极大的差异。倘若从应用的角度来看，大众成衣属于实用品，而高级时装则是奢侈品；若从流行层面观察，那么高级时装是在创造流行，而大众成衣则是流行的跟随者。显然，高级时装的设计主要是依靠创造性思维、想象；而大众成衣则基本依靠经验、直觉来进行设计。这一切决定了高级时装的设计构思更加强调注重构思的系统性、整体性，注重艺术探索、文化研究，强调表现高品位的艺术情调和原创，而且设计构思与款式塑造基本同时进行。

(一) 系统性与整体性

高级时装的设计是一个系统化的结构组合。从宏观角度来看，其构思的系统性集中体现在衣生活的体系结构之中。衣生活的体系结构可分为两类：一类是以整体服装作为一个大系统，此处的服装是指穿好内外每件时装，佩戴服饰配件及首饰饰品之后的整体效果；那么，这个大系统的子系统便是每件衣服、服饰配件和首饰饰品。另一类是以一套时装作为一个大系统，其子系统就是单指上衣、下裳。

表 5-1　衣生活体系结构

系统（整体）	子系统	组成要素
服装系统	衣服、服饰配件、首饰饰品	内衣、外套、上衣、下裳、鞋、帽、首饰、饰品
一套时装	上衣、下裳	面料、色彩、款式、纹样、辅料

表 5-1 中的内衣、外套、配件等局部要素，在整个大系统中，虽然各司其职，不能相互取代，却相互影响、相互作用。作为衣生活的重要角色——高级时装，其内涵与外延正是衣生活结构最充分的体现。因此，无论是设计日装还是构思晚装，都应当系统地对表 5-1 中所含全部内容给予全方位的整体性构想。只有这样，才能使高级时装内外呼应、上下协调，不仅时装本体的造型、面料、色彩、纹样等关系之间能形成必要的节奏与韵律、比例与尺度、对比与调和、均衡与对称等多样性的统一，而且与配件、饰品这些要素之间的关系，也能依照艺术规律给予受众圆满的视觉传达。

从人类生活的空间结构做宏观分析，人类的着装又是被融于层层的环境之中。作为服装设计构思的整体性，在这里表现为将空间环境因素与服装设计同时构想。现在，企业形象设计系统中的视觉识别系统就包含全体员工的职业服装在内，其道理就在于此。高级时装之所以分为日装与晚装，同样与空间环境的种种因素所形成的不同氛围及其对时装的客观影响有直接的关系。电影演员在奥斯卡颁奖晚会上领奖时的着装，必然是华美而高贵的晚礼服。因为走上领奖台的最佳女演员，身处隆重的晚会环境，是聚光灯追逐的对象，也是晚会上万众瞩目的明星。而在某市场闲逛时，环境决定了她必须换穿轻松舒适的便装。这种因环境场合不同而变更时装装扮的构思，便是从空间结构出发，将时装与周边环境艺术相统一的整体系统性构思特征。

（二）艺术探索与文化研究

高级时装发展至今，由于各位设计师的刻苦钻研，审时度势，大胆革新，已经出现了许多里程碑式的创举，在高级时装史上堪称零的突破。这些里程碑的建立自然不是朝夕之举，它们是经过设计师不断探究而取得的重大成果。

高级时装店原本就具有顺应时代与社会环境变化，研究创造女装的造型，或时装新材料及其应用等创造性的研究机能。因此，以服装设计师为首，旗下有数名相当于研究生的助手，从服装图的创作到新衣服的裁剪、缝制，组成了工作室。20世纪50年代这种高级时装工作室相当多，几乎所有的设计师都在不同的时装店当过类似研究生般的助手，他们执着钻研、好学的精神，为日后自己的成功打下了坚实的基础。

所有的设计师在工作室内，都反复研究素材的悬垂性、结构曲线的力度、形式组合美的规律、纹饰与款式的协调配合等。

除此之外，高级时装的设计构思，还经常将手工裁制的时装与文化研究的象征意义予以有机地结合，这一特点无论是过去还是现在都是十分明显的。诚然，普及成衣有时也从历史文化中寻找灵感，但其灵感源泉多数比较大众化。而高级时装的构思，却时常是对历史中某个阶段某个民族的文化进行研究，或者是特定服饰文化之回归。

（三）注重原创

设计师需要在传统服装文化的基础上，开辟新领域、新天地，或寻找前所未有的款型，或摸索前人未用过的素材，研究各个因素之间的突破点与结合点。

对高级时装原创精神的要求，与各个服务对象的各种着装心理是分不开的。影视明星、著名歌手穿高级礼服与观众、歌迷们见面，常存在着显示心理：显示其具有较高的文化修养，懂得着装美学，有独特的、超乎群伦的才能。商业人士在会晤、洽谈、签约等社交活动中穿高级礼服，则有一种自尊心理：需要对方尊重自己，自己也表示对对方的尊重。在盛大而隆重的宴会、舞会、酒会等场合，穿着高级晚装便产生一种竞争心理，竞争晚礼服面料的优劣、款式的新颖、纹饰的精美、价格的高低等。着装者的心理状态是复杂的，而且各种心理有时还交织在一起，他们有一个共同的愿望，即希望自己的着装形象能引起人们的重视，在娱乐场合甚至想引起轰动与震撼，博得多数人的欣赏和羡慕。如此，他们才感到陶醉和满足。为此，设计师们当仔细研究这些顾客的复杂心理，掌握他们在不同场合的着装心态，“对症下药”，才能令其满意。

高级时装的原创精神，也是各位设计师的职业追求。原创需要设计师有丰富的想象力。想象是以头脑中的记忆表象材料为基础，通过分析、综合、打散、重组等加工，创造出从未有过的知觉，甚至不存在的新质形象的心理过程。即大脑中旧的暂时联系，经过重新组合构成新联系的过程。为此，作为想象基础的记忆表象材料之丰富多变，就显得极为重要。设计师只有不断加强自己的艺术修养，多看、多听、多记，让自己经常置身于这些材料中，与其建立亲密的关系，方能产生丰富的想象力——创造新形象的源泉。

原创的结果经常体现出设计师复合式的构思，即多方联想、组合构思的形式。

1. 多方联想

多方联想可有以下几种：

（1）直接联想

直接从大自然联想到时装的造型。

（2）间接联想

在姊妹艺术的氛围中受到启迪。

（3）象征性联想

受国际性事件启发或政治、经济、军事、科学、文化等形势的促动，欲使时装带有象征意义。

（4）反对法联想

可以从原有的表现形式之相反的一面产生联想。

2. 组合构思

组合构思不是生硬的拼凑，而是犹如蓝色加黄色融合而成绿色一般，自然而然地复合产生一个新质形象。例如，女式与男式组合，怀古与现代组合，自然中的与幻想中的形象组合，西方的与东方的艺术元素组合等。各种形式的组合，应体现浑然的整体新质形象。

（四）立体结构概念

高级时装的立体结构设计中孕育着款式的雏形。这种款式构思与结构设计同步的方法是高级时装屋的共性。即使是采用毛呢等厚实衣料，设计师也不脱离人体模型，这是150余年来，设计师们通过不断实践总结出来的先进经验，也是高级时装以人为本量身定做的设计个性所决定的。

高级时装的个性十分强烈，所用衣料又多为绸缎、丝绒以及绣有光片的高级蕾丝、薄如蝉翼的绉纱等高贵品种，这类面料是设计师的又一灵感之源。它们飘逸、轻巧、稳定性差、随意性强，“表情”又相当丰富，因此，经常是在构思款式时直接将衣料披在人体模型上，与立体结构设计同时进行。

（五）装饰

高级时装的装饰，是指在廓型理念确立之后，采用带有各类型纹样和各种肌理的衣料，或者在时装成型的过程中制造出各种装饰线，以及以手工形式附加不同类型的装饰物。我们把装饰归纳为装饰的形态和装饰的内容两大类。

1. 装饰的形态

根据表面状况，高级时装的装饰有平面性装饰、浮雕性装饰、立体性装饰三种形态。

（1）平面性装饰

平面性装饰包括省道形状的变化、省道位置的改动以及数量的增减；衣料本身固有的印花、织花纹样，透孔蕾丝纹样，平面刺绣纹样，花边纹样以及采用抽、拉、雕等手段在面料上制出的镂空纹样等。

（2）浮雕性装饰

有些纹饰是通过各种手段使其附着到高级时装上的，如，有衬垫的刺绣纹样，粗毛线或带有各种肌理的粗线刺绣成的纹样，闪光亮片珠绣纹样，滚条纹样，缝缀各种纽扣以及用面料本身抽褶、折叠、悬荡、系扎而形成的纹饰等。

（3）立体性装饰

在高级时装上缝缀带饰、花朵、荷叶边、珍珠宝石、各种饰品、流苏、穗饰，以及着装后佩戴各种花冠、花环、帽子、耳环、项链、腕饰等所形成的装饰，称为立体性装饰。

2. 装饰的内容

在高级时装设计史中，装饰始终以或繁或简的面貌出现，从未间断过。这是高级时装的艺术本质所决定的，它是时装设计构思中极为重要的语汇。装饰的基本元素是纹样，而用于纹样设计的素材种类又十分繁杂，可以说世间万物皆可用于纹样设计。

四、多维视角下高级时装的创新设计

（一）“再设计”理念视角下高级时装创新设计

1. 原研哉“再设计”理念

“再设计”（RE-DESIGN）是日本设计师原研哉提出的一个设计理念。其内在要求是重新审视我们原本的设计，让设计回归到原点。设计不是在基础物上做无谓的加工。他认为，技术的进步固然能为设计带来新的天地，但设计师们已经开始注意到另外一点，那就是我们熟悉的日常生活中也蕴含着无数设计的可能，并不是只有制造出新奇的东西才算是创造，把熟悉的东西当成未知的领域再度开发也同样具有创造性。“再设计”探索的是设计的本质和独特内涵。

原研哉在设计上有着独特的见解。即使是在西方极简主义的强烈冲击下，原研哉仍然能够立足于对传统的“再设计”，将东方的意象文化融入设计中。这样的设计理念对我国的高级时装设计也具有一定的参考价值和指导意义。

2. “再设计”理念的创新应用

（1）表现形式的“再设计”

①传统与现代的结合

真正的传统是不断前进的产物——它的本质是运动的，不是静止的，应该推动人们不断前进。传统与现代并不是对立的，高级时装对传统文化的运用应该符合当代的“境”。这就需要设计师对传统和现代有充分的理解，在此基础上才能进行“再设计”表现。国内高级时装设计师将传统与现代相结合的案例不在少数，大多表现为与现代造型、现代面料的结合。

传统与现代并不是对立的两方。高级时装中传统与现代的结合包括但不限于与现代造型、现代面料的结合，其实手工艺本身就是一种传统与现代的结合。一直以来，传统手工艺都是就地取材，尤其是当下对再生资源的运用，更体现出了现代特征。

②文化内涵的抽象表现

中西方思维模式不同，在对文化的表现上也截然不同。我国传统文化注重“意象”的表达，追求一种“境”。文化的传承不仅是图案的传承，精神层面的含义更需要设计师去挖掘，并在深刻理解其内涵的基础上对其进行“再设计”表现。这是高级时装设计师最应该重视的，也应该是未来我国高级时装发展的趋势所在。

(2) 展示方式的“再设计”

展示方式在高级时装的发展中也极为重要，一个不同寻常的展示方式能够让服装在原有的基础上更加博人眼球。但目前无论是国内还是国外，对于高级时装的展示仍然多为走秀形式。

（二）未来主义视角下高级时装创新设计

1. 未来主义的内涵

未来主义表现未来的渴望与向往，是一种对社会发展的未来前景作出研究和预测的社会思潮，在设计上体现对陈旧思想的批判与否定，对速度、力量、年轻、技术的追求。虽然未来主义的第一阶段仅仅维持了7年，但它对其他艺术思潮产生了影响，包括艺术装饰、漩涡主义画派、构成主义和超现实主义，其产生的影响依旧持续了下来并发展至今。

2. 未来主义在高级时装中的新面貌

随着时代的发展，年轻人已经成为消费市场的主力军。当今时代的奢侈品重点从产品质量和工艺转变为独特性，年轻人正在寻找与众不同的东西，而并不一定是一些传统品牌不逾矩的设计。未来主义以“否定一切”为基本特征，它反对传统，歌颂机械、年轻、速度、力量和技术，推崇物质。这种风格中对年轻的追求和奢侈品品牌的享乐主义不谋而合，有敢于对常规说“不”的勇气。

任何艺术思潮和运动的推动都会在服装上得到展现，服装设计的更新换代与艺术和时代的发展紧密相连，比起建筑或其他形式，服装最容易也最直观能表达观点。一味地在款式、面料上大做文章的传统时装设计已经过去，现代设计师需要做的是赋予衣服新的社会标签，借助服装表达对社会生活的态度。宇航员服与骑士服一样，内核都代表着人类的探索精神，只是未来主义在不同时代下的同一产物。社会发展至今，性别平等的概念普及，大众审美也不再局限，很多女装设计已经偏向中性设计，服装、配饰甚至到模特的性别选择都趋于模糊。未来主义的表现形式从来都不为框架所限，亦男亦女、亦古亦今、亦新亦旧都是未来主义的经典风格。

新技术的出现不仅为未来主义风格设计提供新思路，也为整个时装界带来了全新的设计形式。后疫情时代下，时装秀场的发布逐渐由传统的T台秀过渡至线上线下结合的组合出现，线上秀场带给观众的高沉浸性、强大的视觉冲击，在此基础上的秀场设计更展示出未来主义风格设计的前瞻性。未来主义风格设计师的设计意图超过了衣服本身，希望通过衣服引领大家去反思现代社会的不足。

第二节　多维视角下高级成衣与创新设计

一、高级成衣与高级成衣设计的概念

（一）高级成衣

高级成衣与一般的成衣不同，这里指高级时装设计师以中产阶层为消费对象，从前一年发布的高级时装中选择便于成衣化的设计，在一定程度上运用高级时装的制作技术，小批量生产的高档成衣。本来这是高级时装店的副业，并未受到重视。自20世纪60年代以来，由于消费观念的转变，高级时装业不景气，经营高级成衣才受到重视，涉足这一领域的高级时装店越来越多，而且出现了高级时装店这个圈子以外的、从一开始就专门经营高级成衣的设计师和服装公司。高级成衣不再是高级时装的副产品，而是完全独立于高级时装业以外的一种重要产业。现在“高级成衣”这一概念，泛指制作精良、设计风格独特、价格高于大批量生产的一般成衣的高档成衣。

（二）高级成衣设计概念

高级成衣设计所服务的人群，其品位和对品质的要求较高，因此，高级成衣设计更注重设计的独特性、品质感与潮流的引领性。高级成衣多以品牌的形式存在，产品数量不多，在工艺制作与生产中有较高的技术要求，有些甚至是手工与流水线相结合的生产模式。高级成衣中的创意设计部分，更注重设计师与品牌的风格、流行性的引领、廓形的创新性改良、结构比例的精准，在创新的同时保证工艺的可操作性与可实现性。高级成衣的创意设计既取灵感于高级时装设计，又具备（大众）成衣的实穿性的款式特点，是兼具艺术感与商业性的设计。

二、多维视角下高级成衣创新设计

（一）特殊省道在高级成衣

1. 基本省道与特殊省道

（1）基本省道概述

省道，简称省，服装结构名称，为适合人体和款式造型需要，将部分衣料缝合，使之形成与人体外部曲面形态相吻合的曲面状态，达到合体和装饰效果，使人体的曲线美得以更好的展现。

省道的产生可以追溯到13世纪，服装新的裁剪方法从前、后、侧三个方向去掉了胸腰之差的多余部分，并在从袖根到下摆的侧面加进了许多三角形布片，这些不规则的三角形布片之间，在腰身处去掉了许多菱形空间，也就是省。省道的出现，使女装从古代平面的二维空间转换为三维立体造型。

基本省道是服装制作中最简单、基础的省道。以服装的上半身为例，所有的省道都是自前片表面隆起部位的最高点向周围辐射扩展的，呈圆状。如果省道直接被缝到胸高点位置，它就会拉紧服装面料，导致服装变形，胸围处最为明显。为了解决省尖点处面料放松量的问题，可以将省道缝止点落在与胸高点有3cm左右的距离处。

基本省道按身体部位的名称分别为：胸省、腰省、侧缝省、领口省、肩省、后肩省等；按省道外观形状可分为：钉子省（省形状似钉子，省两侧的线相对平直）、锥子省（为适合人体的圆锥形突出面，省线根据人体的部位略带弧度）、橄榄省（用于腰节处）、弧形省（有内弧和外弧两种）、开花省（常用于腰部，省线的中间部位缝合，两侧放开，类似于活褶的效果）。

服装省道的构成方法包括平面结构制图、立体裁剪、平面结构制图与立体裁剪并用法三种。

平面结构制图即利用人体的平均测量值，根据服装款式的大致立体穿着状态，将服装结构绘制成与立体穿着效果相一致的平面结构纸样的方法。通过此方法可以制作出符合人体的基本结构板型即衣原型。衣原型的省道是经过人体的多次定点测量得来的，省道的位置及省道中省量的分配都是根据人体的自然状态形成的，其具有一定的构成比例数据。因此，在利用衣原型进行省道设计时，既能保证纸样符合人体的立体穿着效果，又能提高绘制纸样的工作效率。

立体裁剪是在人体模特上用材料直接裁剪而得到纸样或坯布样的造型剪裁方法。这种省道设计方法是表现服装立体感最直观的表达方式。也是服装三维制版的操作方法。在运用立体裁剪方法进行省道设计时，必须以正确的面料纱向为基准，面料的厚度、悬垂性、蓬松感、手感等都会直接影响立体造型的设计感。

平面结构制图与立体裁剪并用法即根据特殊省道设计的需要将平面结构制图与立体裁剪这两种方法结合互换并用的方式，这种方式是高级成衣设计师们的常用制版方法。例如，在高级成衣的垂褶设计款式中，在不确定褶量的大小时，可先用面料立体裁剪尝试，再结合平面结构制图绘制最终样板，二者结合快捷有效。

（2）特殊省道的特征

特殊省道是基本省道的发展再设计，即改变基本省道的位置，运用其他方式将省量进行合理的分配而构成新的立体形态。它是相对于基本省道而出现的，是与基本省道设计共同存在和跟随设计发展的。

根据省道的转移原则，省尖点指向人体突出部位的省道，其与服装的外轮廓线不接近，能够将形成的省道转移至身体其他部位却不能完全地消除省道和省量。例如，胸省、腰省、腋下省等都是围绕胸高点为中心出现的省道，其省道不接近服装的轮廓线，只能将省量以特殊的形式转移，同时在符合人体所构成的立体感的前提下，消除原型中的基本省道，就需要将省量融入分割线或褶裥中，也就形成了特殊省道。特殊省道既能满足包裹人体立体突出量时所需的构成量，同时又可以解决在平面纸样省道上不可能完全消除的问题。

特殊省道的省量可以通过抽褶、褶裥、开花省、造型分割线、垂荡褶、袖窿放松量或扩展省来体现。剪切展开和旋转移动技术是特殊省道设计的主要方法，它们可以将省量转入分割线设计中，成为服装内造型的一部分，如领子、袖子、口袋等零部件中，也可以追加省量放入褶裥中，形成独特的装饰美感。

特殊省道因其设计的不确定性，利用服装立体裁剪的方法进行研究的案例居多，在高级成衣设计中也有呈现。在特殊省道的设计阶段，由于思维想法的不确定性，可以直接将面料放在人台上进行立体裁剪的试验方式，是一种将调研阶段所累积的设计理念直接转化为实际穿着效果的方法。同时这种设计思维模式对于服装设计理念的拓展来说，比单一的绘画服装效果图更有表现力。

在利用立体裁剪方法进行特殊省道设计的过程中，经常会出现静态服装造型优美却不适合穿着行动的现象，而在平面结构制图中，会出现平面纸样制图最终制作成品与立体穿着效果存在一定的造型差异。解决这一问题可以先用平面结构制图的方法绘制基础的纸样，在具体特殊省道设计时直接将面料披覆到人台上进行立体裁剪创作，达到新颖的造型设计，最后可以结合立体的造型效果将得到的结构平面化，实现服装的批量生产。这种将平面结构制图与立体裁剪并用的裁剪方式常常用于特殊省道的第三种表现方式中，即带有垂褶造型设计的款式中。值得注意的是，无论运用哪种方法进行特殊省道设计，都需要了解和掌握准确的人体的一些具体测量值，并具备充分的纸样设计理论知识。

2. 特殊省道在高级成衣中的创新设计

（1）特殊省道的不规则设计

特殊省道的不规则设计即运用一块面料直接放在人台上进行的特殊省道的省量转移设计，在不裁剪的情况下，既能保证胸部的合体，又能达到服装的造型美。

设计步骤：第一，将面料按经纱纱向披在人台上，确定人台与面料的纱向呈一条线垂直于地面。第二，确定衣身中特殊省道设计的位置，制作出凹陷的位置、形状，注意衣身胸部的合体量。第三，将凹陷的部分固定，衣身剩下的余量放入褶裥中，整理最终立体造型效果。

（2）特殊省道与分割线结合的设计

特殊省道与分割线结合的设计即利用胸省与腰省结合的分割形式，制造更显身形的错视分割美感。

设计步骤：第一，利用原型绘制前后衣身的省道及整体轮廓线。第二，以胸高点为中心分别确定胸省与腰省的分割位置，并绘制出设计线的位置。腰省的形状很重要，其线形既要符合人体的视觉美感，又要使省道的缝合长度相等。第三，在分割的侧片进行平行褶裥设计，最后与衣身缝合。

设计特点：此款作品的设计在面料的应用上采用了具有光泽度的皮革和带有褶皱肌理的绉纱，两款完全不同质地的面料进行搭配设计，加上两侧绉纱的裸色与皮革的桃红色互相衬托，增添了设计的时尚色彩元素，形成了服装整体的强烈对比效果。

（3）特殊省道与褶裥结合的设计

特殊省道与褶裥结合的设计即运用具有曲线形状的分割面加上褶裥的特殊省道设计。作品为单一颜色的黑色，但特殊省道设计的运用使服装的整体设计不失美感，更具时尚造型设计感。

设计步骤：第一，在人台上进行分割位置的确定，绘制出要分割的线形，呈半圆状，并转移胸省。第二，绘制单独的分割面，形状为牛角形，其位置分布在胸部与袖窿之间，同时转移部分腰省。第三，将前片的分割线与后片腰节部位用曲线分割的形式相连接，同时转移后腰省。第四，制作前后衣身的裙体部分，前片设计5个褶裥，后片无褶裥，褶裥的长度由前中心向两侧逐渐变短。第五，将缝合好的完整前片上身部分与裙身相连，完成连身裙的整体设计。

设计特点：整件黑色连身裙给人以庄重的感触，同时，胸前的分割加褶裥设计又是整件服装的亮点，让人会一探其内部结构的细节设计美感。由于悬垂面料的选择，更加成就了服装的灵活、流动的造型美。

（二）纺织面料肌理再造方法及其在高级成衣设计中的应用

纺织面料肌理再造是对有关的面料肌理展开整合与创造，不同材料表面肌理形态会给人以不同的美感，使人们充分感受到肌理美，进而激发出丰富的审美情感。将纺织面料肌理再造因素融入服装设计中，可以促进服装生产企业的良好发展。

1. 纺织面料肌理再造方法

（1）破坏

破坏主要包括以下几点：①镂空。镂空是运用有关工具在面料上进行剪裁、挖割出需要的孔洞。虽然镂空看似一个“破坏”，但是可以通过“破坏”实现透漏，这样就可以增加服装的艺术感。在镂空过程中应当选择结实的面料，避免服装出现脱散的现象。镂空大致可以分为三种形式，通过这三种形式可以打造出不同的艺术感。②抽纱。抽纱是通过抽出面料的纱线来体现若隐若现的美感。在运用抽纱技巧时应当选择稍微粗糙的面料，这样不仅能依据相关规律抽出，还能随意地抽出。③做旧。做旧是指利用相关工具对好的面料展开磨损、褪色等处理。做旧也能增加面料的美感，使得设计变得更加丰富。通过做旧技术能在服装上增添生活的气息，使得服装显得自然、柔和。④残破。残破是故意对面料进行破坏，通过残破来为服装增添艺术气息，利用它的不完整性给人们带来无尽的想象。在运用残破技术时应当注重自然，服装残破的部分不能太多。

（2）缝饰

缝饰大致有以下几点内容：①缀缝。缀缝是在服装的表面通过相关方法增加多种不同材质的面料。缀饰物的选择多种多样，这就丰富了服装的缀饰，使得服装变得丰富多彩。②刺绣。刺绣是通过手工或者有关机器对服装展开再次加工，从而改变服装原本的形态，使得服装变得更加美观。③挑缝。挑缝是以服装面料为基础，通过相关技术改变面料的纹路，这样可以丰富面料外观，体现出各种不同的风格。

（3）变形

通过相关技术与手法改变面料本身的状态，将面料折成各种形状，展现出立体形态，具有一定的艺术美感。变形的工艺手法有以下几种：①轧褶。对褶皱部分展开有关技术性处理，使得褶皱本身具有良好的收缩性，使得褶皱达到合体的效果。轧褶服装的特征不但方便生产，还可以增加服装的美感、动感。②收缩。收缩是利用面料本身的性质，使得面料经过加工产生各种不同的褶纹。通过收缩技巧，可以产生各种不同的褶纹，这些褶纹不仅可以用于服装的某个部分，还可以遍布全身，增添服装的韵味。③缝份外翻。为了增加服装的美感，把裁剪好的面料故意做反向缝合，将没锁边的地方故意体现在服装表面，展示服装的未完成性，获得厚重的质感。

（4）填充

填充是在服装的面料与里料之间添加填充物，从而使得服装更具有立体感。在以往的服装设计过程中，填充技巧主要是运用于服装的肩部或者是为了达到防寒的目的而对服装进行填充。如今在服装设计时可以将填充技巧运用于服装的每个部位，同时还不受季节的限制，并且填充物的选择可以是多种多样的。

2. 纺织面料肌理再造在高级成衣设计中的应用

（1）仿生服装设计

仿生服装设计是指在服装设计过程中模仿生物或者生态现象的设计方式，以自然界生物为基础来探索自然的美，并以此丰富设计灵感。对面料展开仿生肌理再造的方式主要有以下几种：对面料运用有关技术仿自然万物的质感，比如人造毛皮、人造皮革等；根据服装结构的不同，仿自然界生物的外观造型，这也是很多服装设计师表达对大自然崇拜的方式；利用合成纤维的性质，仿天然纤维材料的舒适性。

（2）折纸服装设计

折纸肌理服装的特征融入了许多折纸技巧，它较为注重轮廓造型，运用有关折纸手法对面料展开有规则的叠加或堆砌等。比如，布条层叠排列的装饰等，使得平面的面料呈现立体的状态。折纸服装以优雅为核心，融入了折纸艺术，再加上纸的特征，使得服装显得优雅、活泼。

第三节　多维视角下普通成衣与创新设计

一、现代成衣的特点

（一）专门分工的工业化生产方式

随着缝纫技术的发展，成衣工业由手工作业逐步向批量生产和专业化生产发展的同时，形成了有专门分工的工业化生产方式，并相应出现了与工业化生产相对应的专门的服装设计师、样板师、裁剪工、缝纫工、熨烫工、检验工、包装工等，服装加工技术的要求更高，需要相互之间的密切配合，并相应出现了设计。

制版、裁剪、缝纫等加工工序，工作更趋向于规范化、标准化，即服装加工技术工由原来的简单的单件制作发展到了如今复杂、高级的商业化运作和工业化、标准化、规范化、规模化的合作生产。

（二）机械化生产

机械化生产指依靠现代化机械设备实现大规模批量生产，在现代成衣生产过程中，运用各种机械化的生产设备是成衣大规模批量生产的基础。如电动裁剪机、电动平缝机、锁扣眼机、三线锁边机、自动熨烫设备、自动包装设备、流水线式悬挂设备等。另外，现代电脑技术的快速发展也在成衣行业中得到了广泛运用，如利用电脑进行款式设计、打版、推版、排料、生产、管理等许多工作，既节省了人力和物力，又在很大程度上提高了生产效率。

（三）产品质量控制实现品质规格化

成衣的品质规格化是成衣在现代社会中存在的基础。成衣品质包括材料、色彩图案、款式造型以及尺码大小等，这些都需要符合一定的技术规格，如材料的化学成分、纱线的支数、精纺或粗纺等。成衣的大小尺寸是按照消费市场统计归纳出的合理的尺码系列。同一款式的衣服，可以通过推版制成大小不同的尺码，尽可能满足广大消费者的需要。

（四）大众化成衣的价格符合大众消费能力

成衣价格要符合现代人的消费能力。成衣的价格除了要考虑成本，消费者定位、品牌定位等因素外，还要关心市场的行情，根据合理的流行周期和市场营销策略制定价格。如，在流行初期放高价位，在潮流已过或者换季时降低价位以及多种营销方式，以取得最佳的经济效益，尽量避免库存积压。总之，成衣是为大众而生存，价格自然需要在大众接受的范围内。

（五）成衣款式大众化、细节化

成衣款式相对于大众化成衣不是为单个消费者，而是为大多数的消费群体而进行设计、生产的，因此必须具备大众化的特点，以适应众多顾客的需要，当然，这并不代表设计上的简单化，因为无论是产品还是品牌都已对市场进行了细分，以满足不同消费层次的需要。

（六）成衣的经营遵从市场规律

按照现代社会商品经济原则，成衣的经营必须按市场规律进行。作为商品具有的特征，成衣除有各自不同的商标、品牌等标志之外，通常还附有用料成分、规格尺码、洗涤、熨烫注意事项等内容的标牌。此外，款式的设计必须符合市场而不是作为设计师纯艺术品的自我表现手段。

二、成衣设计的要求

成衣设计不同于一般的艺术品设计，设计师除了要具有较高的创新设计水平，掌握必需的专业技能，设计还必须与市场结合，了解生产、营销环节的知识，设计的产品符合消费者需求，这样的设计师才会受到企业的欢迎。

（一）设计定位清晰，使产品具有针对性

设计定位要符合企业的经营和产品定位，每个企业都有不同的定位，不同的产品也有不同的消费对象，消费对象的区别有不同国家、不同地域、不同性别和年龄、不同消费层次等，这些都是定位的因素。明确产品

的定位，可以使成衣设计的款式、色彩、面料、工艺和装饰更有针对性。

（二）了解市场动向，使产品符合时代需求

虽然说成衣是大众的消费品，但同时也要具有主流时尚和流行的特征，以满足不同消费群体对个性风格的需求。在明确自己的产品定位后，还要与市场的动向相结合，分析主流服装和流行服装的设计要素，提炼可以应用的设计元素与新产品的设计相结合，使设计跟上时代的要求。如果设计脱离了市场和消费者，产品也就变不成商品。了解市场动向，除了包括主流及流行服装的市场信息，还应包括服装材料的市场行情等。

（三）掌握生产工艺知识，使设计具有生产可行性

掌握生产工艺知识，就是要对服装的生产流程工艺和生产知识（包括制版、推版、排料、部件的流水作业、整烫、包装以及各种服装材料的性能等相关知识）有所了解。在设计中，要充分考虑面料的选用及加工后对设计的影响，服装结构及部件等对制版的影响，装饰的工艺实现性，服装批量生产的可行性，设计的产品具有高效生产的可行性等。

（四）设计表达规范，使设计图更符合产品特征

成衣的设计图是作为产品生产用的，它与艺术表达的效果图有很大的差别，成衣的设计图是用在企业内部的审稿和制版上的，所以要更具有表现产品结构的特征。如果设计的结构和细节表达不到位，制版的工艺就没办法实现。

（五）把握设计产品成本，使设计符合企业经营要求

成衣的特点注定设计的产品要在一定的价格空间内进行，即使是不同档次的成衣也有相应的价格定位，如果设计的产品所应用的材料以及生产、管理、流通、营销的成本超出了定位的成本价格，就不符合企业经营的原则。

（六）掌握、应用现代信息知识和技能

现代设计及信息技术在企业中的普及应用，提高了工作效率，使企业能更快捷地了解新的业内设计信息。互联网的信息收集、整合、提炼、应用都是现代设计师必须掌握的技术。

要熟悉电脑设计软件的应用。用电脑设计已经是现代设计师必须掌握的技能，现在很多企业都要求利用电脑设计，以达到高效、方便的目的，也方便设计资源和数据的管理。

（七）具有良好的团结协作精神

成衣的生产是一个劳动密集型产业，成衣产品的企划、设计、生产、流通、营销都有很多部门和人员去共同协作完成，这就需要每一个部门之间要相互协作。作为关键的设计人员，与设计主管、版师、营销部门以及其他相关部门的协作是很重要的。

三、成衣设计的定位

成衣产品在设计的整个过程中，除要考虑产品本身的特点之外，还要密切注视目前服装的流行趋势，服装消费者的消费心理、审美需求，市场销售的相关信息，最后被选购才表示设计的最终完成。因此设计师必须根据市场信息、消费需求，结合企业的实际情况，制定出设计目标，即确立成衣设计的定位。

确立的设计目标正确与否直接影响成衣的销售及企业的发展，设计师一定要善于运用自己掌握的知识，凭借独特、敏锐的洞察力，将与成衣设计相关的因素（企业加工设备条件、成品销售、市场研究、制作工艺流程等）进行概括、提炼、归纳，在积聚了这些条件之后，确定企业的设计定位，集中思维将其贯穿于成衣设计的全过程。

随着社会的进步，服装行业发展迅速，设计师只有准确地把握设计定位，针对性地进行设计，并随着市场变化和企业的实际情况进行调整，才能在市场上独领风骚。目前，成衣设计定位包括以下内容。

（一）消费群的定位

消费群是指企业在设计前确定的购买者，服装行业要取得最后胜利，将成衣销售出去，必须围绕消费者进行市场目标的确立，明确对消费群的层次划分。

1. 性别、年龄

确定男装、女装，目前这种传统的着装观念随着人们消费需求的转变逐渐被打破，更多的是依据个人审美观念和物质精神生活的需求而选购的。

2. 经济能力

直接反映在消费者承受的价格档次上，企业可以根据经济能力明确市场销售的价格定位。根据经济能力通常可将消费群划分为超值消费群、高值消费群、中值消费群、低值消费群。

3. 文化差异

各个地区、各个时段人们都会有不同审美需求和文化习惯，由于各种因素，人们接受的文化程度也不尽相同，消费者的文化层次和个人素质修养决定了他们的精神需求及对于服装的审美品位。

4. 生活方式

不同消费层次的消费群，都有自己不同的生活状态和生活方式。如学生阶段，注重服装款型、色彩，整体风格轻松活泼，喜好自定；时尚年轻的上班族，热情，充满活力，喜欢自然和不拘一格的生活方式，善于在各个角落寻找新鲜的变化，注重时尚气息。但虽说有一定的购物经验，掌握市场的流行趋势，对服装流行有着敏捷的感悟力，注重塑造整体风格和鲜明个性，但有时要受到工作环境和出入场合的制约。

（二）产品风格定位

产品风格没有固定统一的模式，在设计元素的运用、材料的工艺流程的艺术性和科学性中逐渐形成产品自身的风格，反映着成衣设计的定位及流行风尚，它代表了服装企业的整体特色。企业一旦能够树立良好的产品风格并能得到消费群的认可，那么对于企业的发展前景意义重大。

产品风格大致有以下四种。

1. 经典风格

经典风格流行于传统上班族的装束，有固定的样式及搭配方式，通常此类服装都具有庄重、典雅、严肃、拘谨等格式。在设计时如不能注重现代风格和流行元素的运用，就会显得缺少闪光点。设计时应注重每一时代服装风格的价值体现，加以深化并将现代风格和流行元素进行重新定位。

2. 都市风格

都市风格是体现大都市生活方式的着装风格，随着社会观念的发展，都市风格除具有庄重、矜持的风格外，现代都市人又赋予了一种个性的表现。有一丝不苟、专业敬业的严谨风格；有经典雅致、讲究品质的经典风格；有体现帅气、智慧的时尚风格。力争稳中求变，凸显潇洒、干练、简约的都市气度，与现代生活节奏合拍。整体造型简洁得体，风格或端庄、或俏皮，在成衣销售上有绝对的优势。

3. 前卫风格

前卫风格服装的外观感觉、审美趋向及整体印象都对传统风格的概念和规范有着绝对的挑战，是一种极富创造力，追求时尚另类，拥有新潮设计元素，具有新奇、大胆、随意无章的服装风貌。它游走在奇异的创意里，摒弃教条主义，呈现怪诞和易俗追新的特点。前卫风格的着装者，需具备敏锐的时尚洞察力，走在流行的前端，充满自信地向人们展示独具个性的着装风格。从某种意义上说，前卫风格的成衣比任何一种服装风格都具有刺激性和挑战性。但在成衣设计上有一定的难度，必须带给消费者强烈的视觉冲击力，体现鲜明的个性特征，才能拓展前卫风格服装的销售空间。

4. 休闲风格

休闲风格是切合现代社会的人们厌倦高度紧张、节奏过快的都市生活，渴望轻松自然心态而产生的着装风格。它的风格主要是表达一种轻松、随意、自然的氛围，在整体设计上多采用缉明线、横纵分割等方式塑造款型。企业在制定设计目标时可将休闲风格细分为两类：一类是运动休闲，整体感觉不拘谨、不刻板，追求服装的穿着方便及舒适性；另一类是时尚休闲，更加注重体现个人风格，并且在设计中注入更多的时尚元素。

（三）产品类别定位

产品类别定位能使企业产品明确主攻方向，与目标风格密切联系，表现直接，突出设计点。虽说需要张扬产品本身的个性，但仍需以市场的喜好为依托。每个企业都有自己的产品组合方式与调整方法，通常将产品分为两种类别：一是市场类别，即企业的主打产品，它将直接为企业创造经济利益；二是形象类别，它是为烘托产品形象应运而生的，是消费者心目中具有权威性的形象。在保持其风格的同时又要赋予其新意，这是目前成衣制作企业需要面对的重要课题。

四、多维视角下普通成衣创新设计

（一）我国传统文化理念在成衣创新设计中的应用

成衣流行的演变体现了当代文化的演进和发展。如何使传统文化与成衣设计创新相结合，是当前我国设计师面临的关键问题。首先应当明确，继承传统是服装设计创新的前提。不了解传统文化，服装设计就是无本之木、无源之水，创新就无从谈起。我们要脚踏实地地学习传统文化，把我国传统文化的精髓融入当代成衣设计创新中。

我国传统文化与当代服装设计创新的结合要注意理论研究，在文化精神的层面上把握东方文化和我国传统文化，牢牢秉持我国传统文化的精神理念，防止符号化、表面化地组合传统元素，图解式、猎奇式地展览我国元素。思考和感受我国文化的精神理念，关键是比较东方人与西方人对自然的不同理解，这就要求设计者提高知识修养和对文化历史的了解能力。设计立意是设计师对文化理念把握之后形成的形象，这需要长期的积累、消化，对传统文化理解后，化为一种自然的情感，这不是现买现卖、照猫画虎能够解决的。需要注意，我国传统文化的理念不是简单的民族风格，某些搞“传统”的设计比较土气，没法与现代流行和国际风格完美结合，其实是因为他们搞的仅仅局限于民族风格，尤其是民间艺术。

款式结构的创意既关系到造型语言的抽象意味，也关系到服装文化经验的生活情感，设计师必须懂得挖掘创造。在国内曾经出现过很多走东方路线的品牌设计，但其中成功的非常少。在成衣的创新设计中，民族元素的运用不仅是款式、色彩图案的借用，而且应该深入挖掘民族和时代文化，把传统文化的神注入设计的形之中，发掘出设计自身的物质精神内涵。将成衣设计与我国传统文化精髓整合，对提高服装文化附加值、满足时尚消费需求、缔造民族特色品牌以及开拓国内外市场具有重要意义，这是发展中国服装业、弘扬中国传统文化的有效途径之一。

（二）从多元文化艺术中寻找创新源泉

在成衣设计中，不仅要注重本民族文化的运用，也要吸取外来文化艺术的精华。这些年国际服装舞台上流行着各种主题，诸如吉卜赛主题、非洲原始文化主题、国风主题等，都无不显示出民族风格不再以某种纯粹单一的形式出现，而更多地表现为结合时代特征又具有多样性及界定性的模糊性。

当代最有影响力的设计大师约翰·加利亚诺，他善于发现、善于观察，不断聚集各方面的知识。约翰·加利亚诺的许多作品的最初创意都是在一些平凡的地方汲取的，他经常为寻找灵感或漫步于伦敦的民间市场，或拜访各种古怪的俱乐部，或者干脆钻进博物馆翻阅服装资料和研究服饰收藏品。对于约翰·加利亚诺来说，看到的和听到的都是他艺术创作的源泉。即使是旅行，他也回到保留着传统与技术的亚洲、非洲去。他会仔细地观察、探究、研究、领会不同民族的传统文化艺术，并毫不犹豫地运用到创作中去。约翰·加利亚诺的大脑好像一部百科全书，汇集了历史上的人物、故事、服装、绘画、戏剧等各方面知识。

在成衣设计中将更多的国际元素与中华传统文化结合，既在国际化的背景下又有来自我国文化底蕴的感染力与创造力，加上世界各地不同文化的新鲜元素，从而创造出一种独特的个性，才能使设计在国际社会中脱颖而出。

（三）现代科技含量的提升对成衣设计创新的影响

现代科学技术对服装发展的影响和作用是巨大的：高科技材料、计算机技术、生化技术、现代信息技术等在纺织服装领域中的开发与应用，给服装注入了神奇的功能和活力，满足了人们来自生理、心理的各种需要，带来了服装生产的高效能、服装产品的高质量、服装发展的高速度和高水平。

现代信息技术为服装设计创新提供了丰富的信息资讯。当代成衣创新设计对市场信息、国内外流行趋势信息的把握至关重要。信息来源的途径主要有三个：一个是通过报纸杂志、新闻媒体和电脑网络，另一个是通过各类纺织、服饰博览会与展示会，还有一个则是通过市场调研和工作实践。现代信息技术是现代科学技术的重要内容，它使这三个方面的信息流得以极大地、同步地、有机地融合，迅速汇成波澜壮阔的服饰信息的海洋，又以强大的信息处理功能和超级的传播速度使这些服饰信息得以归类、排序、传递，使服饰信息资料的获取具有高度的时效性。成衣设计师可以通过电脑网络开展市场调研，通过问卷调查获取商业情报、信息技术资料或资讯，以及查阅国内外时装流行趋势资料和最新的时装展示发布会的影视图像资料，这改变了以往服饰信息严重缺乏和滞后的状况。现代信息技术的发展为服装设计创新提供了越来越丰富、快捷、准确、有效的信息资讯。

现代科学技术为成衣设计创新提供了广阔的视觉空间。现代科学技术赋予了人的视觉以超常的特异功能，让人看到以往仅凭肉眼而无法企及的视野和无法观察到的世界。它所提供的崭新的视觉空间，强有力地为设计创新注入新的活力。成衣设计师可以通过各种现代科技手段在世界各地、各民族、各个领域、各个层面游历；在微观世界、宏观世界、虚拟世界中畅游，汲取创作营养和灵感。

现代科学技术为成衣设计创新提供了便捷的表现手段。在计算机普及应用的今天，人们对现代科学技术为设计创新所提供的便利的表现手段有着非常深刻的感受。计算机强大的复制功能、修改功能、编辑功能、虚拟功能、存储功能等，帮助服装设计师实现了无须因配色、修改而反复进行重复描绘工作的愿望；为设计师提供了组合设计的可能与便利。最为常见的是：设计师利用现代计算机数码技术和网络技术，收集服装的各种流行信息要素及细节构成元素，分门别类地建立服装款式设计素材数据库、面料材质数据库、服装配饰数据库等，设计时可以随时调用，进行各种可能性的设计组合，既快捷便利，又直观形象。将设计师从大量的案头描绘工作中解放出来，使他们能够将自己的主要精力和才智充分放在设计创新的研究和实践上。

现代科学技术与服装设计创新人才之间有不可忽视的联系，尽管这种联系表现得不是那么紧密和直接。这里将两者放在一起考察主要想表达的是科技与设计创新中互为补充的三重概念意义：时代的概念——现代科学技术将服装设计创新人才带到了时代的前沿，使其具有与时代同步的含义；时速的概念——现代科学技术将服装设计创新人才带到了信息的高速公路，使其插上神奇的翅膀，在信息的天空中翱翔，同时也使服装设计创新人才的培养有了高效快捷的特点；素质的概念——现代科学技术的掌握及科学的逻辑性思维是服装设计创新人才的基本素质。运用现代科学技术，一方面可加速对服装设计创新人才的培养，另一方面可使人的创造能力放大和扩充。因此，在对服装设计创新人才的培养过程中，要注重与现代科学技术的联系。同时，设计师自身也应注重掌握和运用现代科学技术。虽然从表面上看现代科学技术，反映的只是一种高新的技术或手段，但它的内在却积聚着时代的精髓，孕育着创新与突破的巨大能量，是时代的象征，有能改变人的思维、观念、行为方式的潜力。作为当代的服装设计创新人才，掌握现代科学技术是成为优秀设计师的必要途径。

第六章　多维视角下服饰品类型创新设计

第一节　多维视角下首饰创新设计

随着人们审美水平的不断提高，首饰设计也必须满足消费者不断提升的需求，在首饰设计制作的实践中不断进步、创新。现代艺术与各个学科的交流互动，为首饰设计提供了更广阔的表现空间。影响审美的因素是多方面的，包括对象的社会环境、教育程度、消费水平、价值观念、个性等。首饰作品要以完美的视觉、听觉、触觉、味觉与观众产生互动，就要体现出更高的追求，需要设计者不断创新，并能够把首饰艺术中的形式与内容完美结合，对设计元素进行精心的选择和匠心独运的组合。

一、灵感来源视角

时代要求首饰设计不断创新。创新能力的基础是创造性思维水平的提高，创造性思维的灵魂就是灵感。灵感是一种特殊的思维过程，它给人们带来意想不到的创造，是设计师潜意识的直觉性顿悟。灵感有时千呼万唤不出来，但有时却会突然爆发，在无意中不期而至，恰如南宋辛弃疾诗中所写的："众里寻他千百度，蓦然回首，那人却在灯火阑珊处。"灵感可以说是一种"领悟式"的思维方式，它的产生突然而来、倏然而去，并不为人们的理智所控制。可以说设计灵感是设计师对生活的体会，对世间万物的理解，对大自然的深度领悟。

如何在首饰设计中把握灵感呢？首先，灵感源于生活的积累。我们要从丰富细腻的生活中搜寻首饰设计的灵感，深入生活，随时留心观察自然景色、社会现象，特别是人情世故等，有时候生活中所遇到的一些经历、一段故事、一个画面都可以引发人们的设计灵感，进而扩展设计思维，整合创意元素，再将设计思维与创意元素进行具体的设计加工，最后完成首饰设计创作。

其次，设计者还要从传统文化中汲取营养，博览古今中外各种有益的文化艺术，从中寻找灵感，不断丰富自身的修养和提高自身的鉴赏力，创造出具有时代感、民族性和独特风格的首饰作品。如雕塑、绘画、建筑等人类文明的丰富宝藏常常带给设计师无穷的创作灵感，可以体现出传统文化的深远影响，艺术之间有许多触类旁通之处，首饰设计也不例外。世界各国的传统民间艺术历史悠久，源远流长，是民族文化的宝贵财富，也是人民精神生活的重要内容。民间艺术的形态和形式包容了各种艺术门类，如民间音乐、民间舞蹈、民间美术、民间戏曲等，都可以启发设计的灵感，用于首饰创作。

再次，灵感源于知识的积累。灵感不是凭空而来，只有当知识的积累达到一定程度时灵感的火花才能够迸发出来，所以设计师必须善于观察、勤于思考、充分利用新信息刺激大脑，充分发挥大脑的想象功能，研究各艺术门类交叉互动的关系，如文学、戏剧、绘画、音乐、舞蹈相互融通的关系等，才能不断提高自己的设计品位，并利用联想、幻觉、虚拟现实等方式促使灵感迸发。

最后，科学技术的进步同样为首饰设计带来了新灵感，也为设计领域带来了无限的发展空间。高科技、网络新的材料和各种加工技术的应用开拓了设计思路，如纳米科技、生物科技、信息科技的运用，可以说科学创造了时尚。人们在首饰制作前期已经采用电脑软件分析造型及色彩，使首饰设计更加趋于完美，也为首饰设计带来了更广阔的思路。首饰设计在每个历史发展阶段，都有其自身的特点，人的需求也刺激了不同时期首饰设计的灵感，促使设计者创造出数不尽的首饰设计精品。一些国家流行的现代首饰作品其灵感来源无处不在，多追求原创性，制作或繁细或精巧，材料变化也丰富多样。

总之，在首饰设计中灵感是生命、动力、创造的源泉，如果没有丰富的生活积累和深厚的艺术修养，就谈不上灵感的升华。设计师需要通过有意识的精心培养和努力来获得灵感，为了能抓住稍纵即逝的灵感，需要及时追踪记录。现代设计教育开始提倡“设计日志”，以勤于记录的方式来捕捉生活中的灵感，也迫使设计者每天大量动脑，主动创新。记录的方式不一定是文字记录，语音、图表、歌曲等方式都可以，只要能随时记录自己的新奇想法，便能够开拓思维，只要想方设法不断地积累，说不定某个时刻灵感就会相应地得到最充分的涌流和迸发。

二、元素采集视角

（一）多种材料丰富了设计元素

材料的世界是丰富多彩的，在现代首饰设计中，各种新的材料值得尝试应用。为了充分表达设计意图，创新材料也被大量运用，为了充分传达创新点，现代首饰作品可以采用任何一种材料。从羽毛、树脂、木板、竹片到电线、电缆，再到石头、纸张、海绵、铁丝、丝绸等，都可根据主题的要求被用于设计之中。比如：设计师可把纸张浸泡、搅拌形成纸浆，用来塑造各种形态，还可以处理成任何色彩；树脂材料也可以直接塑造成各种形态，再处理成变幻的颜色。这些材质给首饰设计带来了很大的启发和表现空间。

在设计制作首饰的过程中，首先需要了解一些首饰材料的特性。木材的质地、纹路，有着质朴敦厚的韵味以及经过打磨后所具有雅致的光泽，设计时可以利用木材的特性，巧妙地运用其翘曲变形的状态，发挥木材的独特性。采用陶瓷材料进行首饰设计，由于其温润的气质，能够迸射出独特的魅力，斑驳的石头、闪烁的金属、澄澈的玻璃、可塑的丝网、柔软光滑的丝绸等，都为首饰设计提供了更加广阔的制作空间，这些丰富多彩的材料无疑给现代首饰设计提供了更多的设计元素。有的材料样貌奇特、充满趣味，刺激了设计创意的诞生，也为人们的视觉、听觉、嗅觉、触觉开创了多重体验的可能。

（二）首饰艺术设计的个性化元素

随着现代艺术的发展，现代首饰设计也出现了形与质的革命，首饰的表现内容和造型更是有了翻天覆地的变化。新材料新技术的应用，对首饰设计影响巨大，给首饰设计的表现语言拓展出充分的空间。人们对现代首饰的观念开始改变，使得首饰在表意上讲究寓意性，在表情上讲究思想性，在技法上追求多样综合性。由于现代首饰抛弃了传统首饰制作技法的种种局限，首饰的制作方法因材料、创意不同而选择不同的加工技艺，如漆艺、陶艺、玻璃艺术、木艺、丝网印刷工艺、合金高科技等手段，并开拓运用更多种表现手段和制作方法来创作现代首饰。

现代首饰作为独立的视觉艺术，已经脱离了传统首饰的衣饰概念，成为解读个性化语言的符号。个性化的首饰设计是人性化的体现，既是设计师的个人审美的表达，又是消费者的个性化需求的表达。设计师个人经历、文化素养的不同，决定其会采用不同的设计语言，佩戴者由于其不同年龄、个性、修养、职业及佩戴场合等因素，也对首饰有着不同的需求。在个性化的首饰设计中，佩戴首饰已经不单单是地位和财富的象征，材料的低成本和随意性已经慢慢成为趋势，人们不断尝试着非贵重材料所创造的不同视觉体验。个性化首饰的创新也是推动首饰设计不断发展的重要因素之一，首饰设计师自我风格的展露会吸引一批接受前卫审美风尚的拥护者，同时也展现了他们的价值观。迥异的风格、审美观与另类的个性，启示着设计师设计思维的前卫性。而首饰设计师自身的阅历、个人风格也同样会引起某种风潮，这也正是设计灵感来源的一部分。

个性化要求的日益增加使得首饰设计的单品艺术定制成为可能，全球独一无二的艺术首饰受到某些特殊消费者的喜爱并成为其标新立异的需要，也使得首饰公司推出限量版饰品，以迎合消费者与众不同的需求。同时，这种高层次的消费群体的存在也使得首饰作为高档奢侈艺术品的价值得以体现，使得那些凝结了手工劳动者汗水的单品、精品首饰越来越受到消费者的喜爱与收藏。

关注首饰及其配饰并能够与佩戴者的身体相结合，调动佩戴者在佩戴的同时再一次去进行创作，以彰显其自身的魅力，这种再创意也是首饰个性化的一种表现，能够凸显个性组件的艺术价值。在个性化首饰备受关注的今天，设计师也要考虑其设计的作品与佩戴者产生一种互动的理念，使首饰成为体现个性化风格的重要标志。

（三）源于自然的设计元素

进入现代社会，首饰的信仰功能逐渐被淡化，在社会多元文化繁荣发展的背景下，首饰不仅是财富、地位的象征，更是文化、品位的代言。体现自然、回归、时尚的非贵重首饰材料因其造价低廉、性能环保又质朴亲和，重新受到了人们的喜爱，并得到普遍而广泛的使用。

首饰设计与自然关系密切，自然元素在现代首饰设计中被广泛应用，现代首饰设计崇尚自然，无论是天然或人造材料，都有其本身特殊的图案、颜色与质感，带给人不同的感官刺激，产生不同的心灵感受。天然材质方面，如触感柔软的动物皮毛、古朴的木材纹路、光滑的鹅卵石、充满野性奔放之美的植物等。人工材质方面，如透明澄澈的玻璃，能带来梦幻的感觉；冰冷闪耀的金属，具有现代的科技感；纯净细致的陶瓷，带来高贵与典雅的气息。首饰设计中自然材料的特性与运用，自然形态的模仿与启示，对创意灵感的启迪起到很大的作用。如今，能够体现自然回归精神的首饰，其清丽、优雅、质朴、生动的风格已深受人们的喜爱。

大自然中造物的神妙，是激发现代首饰设计创作魅力无穷的灵感源泉，从各种事物的造型、色彩、肌理、声音、味道到运动方式，都是我们寻觅的设计元素。

源于自然的设计思路沿用至今，设计出的首饰随着时代的发展而变化。从远古的敬畏与崇拜之情，到现代的轻松、惬意、亲切之感，大自然是无私的，它把自己多彩的美姿全部呈献给人类，人们也学会了和自然相处，意识到了自然的珍贵，开始注重回归自然，也更加热爱自然元素。每个首饰设计师都在利用大自然中多种多样的材质，进行着千姿百态的个性化的首饰设计。自然风格的首饰作品可以采用天然物做元素，如苍黄的树叶、风干的古化石、充满生命力的向日葵等都可成为设计的主要元素。在造型设计上，自然风格多运用柔和的曲线、规范的直线等。

（四）首饰设计中的情境设计元素

美学性是本能情感的重要组成部分，只有美的东西才能第一眼就抓住消费者。目前很多首饰作品流于形式，缺少一种触动心灵的、使人震撼的元素。基于人性化设计的思考，首饰设计要以消费者的审美、情感等心理需求为中心，可以说情境设计是对首饰全面思考的开始。一般说来，首饰的情感化设计是指将情感表达的各种因素应用于设计过程中，并充分考虑到情感和人性化对于首饰设计的意义和作用。它是一种着眼于人的内心情感需求和精神感受的设计理念，使人们获得发自内心的愉悦和享受，让生活充满乐趣。情感表达中存在这样一个过程："设计师—情感—产品情感—消费者"。在这个过程中，产品是一种信息载体或媒介，它将设计师和消费者紧密地联系在一起。首先，设计师将自己的情感和感受赋予产品中；其次，消费者在面对产品时会产生一些心理感受或情感的流露；最后，设计师从消费者的心理感受中获得一定的线索和启发，并在设计中最大限度地满足受众的心理需求。了解这一过程有助于解释情感化设计的概念。通过这种情感联系，原本没有生命的首饰就能够变得有生命，从而使消费者对首饰产生一种依恋。

在挖掘首饰情感的同时，也要重视首饰的功能，在强调功能的同时，也会有相应的情境出现。比如，旅游市场是一个不断变化的动态的市场，随时代的变化，游客欣赏的品位也在不断变化，要想满足人们多变的需求，就要深刻挖掘旅游地区民族文化的内涵。如革命老区有它独特的历史背景，这种设计情境是其他地区所不具备的。那么首饰在旅游的情境要求下，就是一种旅游商品，必须个性鲜明，具有旅游地明显的特征，才会对游客产生吸引力。所以，在这种情境中的首饰设计，就要将旅游地的传统文化、工艺技术和物质资源结合起来，设计制作独具特色和具有较高品位的旅游纪念首饰。

总之，情感化设计的最终目标是在产品和人之间建立一种深刻的情感层次关系，实现“人与产品”的高度统一。

（五）首饰设计中的传统及民族元素

中华文化以其丰富的表现形式、深远的寓意为现代首饰设计提供了无穷的创作灵感，在博大精深的中华传统文化中，中华传统艺术具有悠久的历史，充满了神秘的东方色彩，具有浓郁的民族气息，它贯穿于我国文化、饰品文化的发展中，并且拥有强大的生命力。所谓民族元素，主要指一个国家、民族在一定的文化历史背景中所形成的个性化符号特征，这种符号特征表现在文学、艺术戏剧等各个领域，形成了有本土味道的各种风格。中华民族是有着悠久历史和灿烂文明成果的多民族集合体，植根于民族文化，无疑是我国首饰设计生存和发展的基石，汲取博大精深的民族文化营养，如书法、旗袍、篆刻、京剧脸谱等，形成了独具特点的我国元素。但由于全球国际化的交流融合，日本的细腻、英国的严谨、法国的浪漫，美国的热情奔放，已逐渐变得棱角不是很分明，所以只有把握本土文化特征，积极从本民族传统中汲取相关元素，才能更好地发展与传承本民族的文化。

在我国，现代首饰设计虽然起步较晚，但我国设计师善于学习和借鉴，所以发展很迅速，在发展的过程中，设计师只有扎根于本民族的文化土壤中，大胆地将我国的民族元素进行提炼和升华，使首饰设计蕴含中华民族特有的价值观念，才能更好地传承和发扬我国文化。我国传统首饰凝结了我国几千年的文明历史及独特的文化内涵，体现了中国人独有的思维方式，而这种与生俱来的我国风格和内质，不是附着于首饰设计表面的，而是深深植根于中华儿女的灵魂和血液之中。在首饰设计中，临摹和借鉴我国传统图案的典型元素，并进行归纳和总结，这是进行再设计的一种重要途径。数千年来，我国少数民族与汉族一起创造了华夏文明。在这个过程中，也形成了独具特色的各少数民族的配饰，如苗族、黎族、傣族、藏族、满族等都形成了自己民族独具特色的首饰。其中，尤以苗族的银饰最具特色，银饰可以说是苗族人的灵魂。从早期苗族银饰产生时的巫术功能，到长期携带银饰的迁徙征战的千辛万苦，和那些不分等级的原始平等的民族精神，苗族银饰见证了这个民族银饰背后的文化底蕴。在我国苗族银饰制作工艺堪称一流，种类繁多，工艺精湛。包括银角、银帽、银发簪、银插针、银花梳、银耳环、银项圈、银压领、银手镯、银戒指、银背牌、银腰带、银脚饰等，这些穿戴在苗族女子身上，体现了苗族独有的艺术风范和精湛的工艺制作水平。

目前，我国商业首饰气氛过于浓重，以至于忽略了首饰的艺术情感。作为首饰设计师如何在开放的今天、使我们富有民族韵味和中国人特殊情怀的首饰作品走向世界，是需要首饰设计师思考和把握的。文化的积淀，展现在首饰中，是具有灵魂的，所以首饰设计师在提高首饰设计水平的同时，还要提高对传统文化的保护意识。

中国的民间艺术，是一种典型的传统文化，是一种十分独特的文化现象，它以极其独特的形式内容渗透到高度发达的现代文明之中。在这种文化现象的背后，凝结着中国自古独有的哲学道德、观念形态、文化意识。中国的多部落、多民族的文化融合，中国的陶土文化，道家天人合一的思想，以及图腾面具、漆器、青铜器、帛画、砖雕、石刻、剪纸、刺绣、皮影、瓷绘、木版年画等民间艺术，这些宝贵的财富将随着历史的发展显得更加珍贵，而且，时至今天，许多艺术形式已经从早期原始的本源艺术，发展到庶民阶层，最后发展至非民间的上层社会。传统元素在国际首饰大潮中发生了越来越大的变化，由贵族化、高档化向平民化、个性化转变。这种转变给现代艺术设计、现代生活的审美内容带来了巨大的影响。我国民族文化传统，如同我们的血脉一样无法改变，维系着我们的生命与灵魂。首饰产品既属于产品实体，又属于文化载体，本身就是一个文化符号。在首饰设计的创作中，设计师要善于挖掘传统文化、地域文化、民俗文化，通过首饰的具体形态，展示其内在的文化属性。中国的首饰设计在不忽略自身的文化特质与民族个性的同时，应继承和发扬中国传统文化博大精深的内涵，以新的视角去探求设计的新思路。

（六）首饰设计中的流行时尚元素

流行时尚元素目前已经成为人们生活方式中不可或缺的重要内容。乐于接受时尚文化的群体成员大都受过良好的教育，他们思想开放，往往希望自己能够标新立异。因此，他们不光是时尚的追随者，更是时尚的创造者。时尚的飞速发展，为设计师提供了灵感源泉，也为设计师提供了无限的创作空间。

由于流行时尚元素的介入丰富了首饰的设计创新灵感，首饰作为一种紧追时尚风潮的产品，其设计手法的多样化和款式的新颖性在不同程度上满足了不同消费者的需求，而消费者求新求异的心理也在刺激着设计的不断创新。与服装相搭配的首饰，其造型、色彩以及材质的流行往往受时尚潮流的影响，与流行文化息息相关的服装设计，每一种新款服装的展示，都会充分地传递出消费群体对于色彩的最新喜好倾向。反过来，服装设计的某些理念也会引领时尚的风潮，如所采用的新的材质、材料等。如今，用流行时尚的理念去生活，用时尚的眼光看设计，这些都在不断改变人们的思想和观念，也在改变着设计的观念和创新的方法。设计师在首饰设计中要善于利用流行文化，并走在时尚的前端，创造出适应时代变化的时尚首饰产品，这是当今首饰设计所要积极努力的方向。

第二节　多维视角下鞋靴创新设计

鞋靴造型设计的特征是由它的生产、消费和设计服务对象为特点所决定的，由此形成了它特有的设计规律和设计语言。设计师在担当艺术造型的职责时，不仅要考虑它的审美功能，还必须牢记鞋靴是产品和消费品这一观念。

造型设计的特征表达应充分满足人的心理和生理的需要。

一、设计思维视角

思维的表达是指艺术构思的设计理念，通过一定方式反映出来，也是设计师情感、智慧的自然流露。它把思维空间里那些原始的素材加以修饰，来体现设计师的设计意图。以全新的设计形态展示出来，是智慧的结晶，也是知识的积累和艺术修养的综合体现。在实践中把这些技巧、丰富的知识和超前、创新的意识灵活地运用到设计之中去，是设计思维表达的需要，也是艺术创新所在。

鞋靴设计作为应用性的学科，其设计理念和知识是一个需要不断丰富、不断充实的过程。它的表达构思方式和风格是可以多样化的，可以运用速写、默写、符号等形式来完成，还可以用文字描写、素描构成图形，通过线条的节奏、韵律、结构、形体来塑造。其原理是相通的，但它们思维表达的方式各有侧重，它体现了设计风格的多样性，表现形式的个性化，是设计师创造力和想象力的迸发。因此，表达方式中只有从个性理念出发，在实践中不断地形成独特的表达方式，才能使设计师的设计风格更加鲜明，创造出耳目一新的设计作品。

（一）设计定位

设计师经过广泛的市场调研和深入分析，以便确定要设计的产品是否能弥补现有产品。

1. 鞋靴类型定位

鞋靴类型定位是设计师依据对各方面信息和因素的分析，尤其是在市场需求和企业能力及材料供给之间找到融合点后，设定的新目标。一般包括以下两个方面。

（1）产品类别定位

企业根据主客观情况选定设计的鞋靴种类，如女鞋、童鞋、休闲鞋、职业鞋等。

（2）产品档次定位

主要是根据消费者的情况及相应需求和企业能力与条件来确定。如收入较高的人群，对鞋的选择必然是档次较高的。

2. 消费者定位

消费者定位应根据消费者的职业、教育、收入、地域、心理以及审美能力等方面来定位。

3. 风格定位

风格定位可以分为产品造型风格定位和工艺质量定位。前者需要这种风格能够打动特定的消费群体，能够独树一帜；后者关系到产品的核心品质。

4. 鞋靴号型定位

鞋靴号型定位指鞋的长度、围度和号型种类的确定，实际上也是对鞋楦号型的定位。

5. 鞋靴设计发展定位

鞋靴设计发展定位就是企业在未来发展中对设计的地位、内容、管理等方面进行确定。

（二）设计展开

根据品牌鞋靴商品企划，设计师提出下一个销售季节的品牌鞋靴设计概念，这个概念包括设计主题、色彩、材料和基本型与款型。完成好这一步骤后，鞋靴品牌设计进入设计展开阶段，设计展开即是通过设计思维，将企划中得出的下一季产品的设计概念具体化、方案化。鞋靴设计展开是鞋靴品牌设计的关键步骤，也是鞋靴品牌设计的实质性阶段。鞋靴作为一种服饰产品，款式造型设计是鞋靴品牌设计的主要内容。因此，一个鞋靴品牌设计师必须具有良好的形象思维能力，甚至长于对鞋靴形象（款式造型）的想象和创新能力。

鞋靴设计展开程序又分为设计构思，草图、效果图、结构图表现，设计筛选与确定三个阶段。

1. 设计构思

要围绕前面所做的品牌鞋靴商品企划去进行，即根据已定的下一季品牌鞋靴主题、材料、色彩和基本楦型与款型去构思具体的鞋靴款式造型。鞋靴款式造型由形态、色彩、材料（质）、图案（纹样）、工艺和配件等造型要素组成，设计师通过对这些要素的组织和创新，完成对品牌鞋靴的整体设计把握。

设计构思一般有以下六种方法。

（1）局部修改构思法

局部修改构思法是一种相对容易的成鞋设计构思方法，是设计师对与本品牌成鞋款式造型风格相近的产品某个局部进行修改而获得设计结果的一种方法。一般多是对原鞋靴帮部件分割造型进行修改。当然，也可以是对色彩、材料、图案配件等造型要素的修改。

（2）局部借鉴构思法

局部借鉴构思法与局部修改构思法不同，这种设计构思以设计师自己的设计为主，只是在某个局部的设计上，借鉴他人设计优秀之处。而局部修改构思是以他人设计为主，自己稍作修改的设计。

（3）具象联想构思法

具象是物体形象的简称，是指由特定的形态、色彩、肌理等组成的各种物体感知的形体。具象联想构思法是设计师从自然万物等不是人为创造的各种具象中，获取设计灵感并加以运用。

（4）抽象联想构思法

与具象联想构思法相反，抽象联想构思不是以现实事物的具体形象来启发设计思维，而是从抽象的词语意境或某种颜色、肌理中感受一种鞋靴造型的风格状态、然后组织鞋靴造型要素进行设计表现。

这些词语、颜色或者肌理，是对一种感性状态、风格的描述或象征，如优雅、端庄、纯真、前卫、热烈、淳朴、天然、休闲等。设计师根据这些抽象词语或代表以上某种状态、感觉的抽象颜色、肌理，组织相应的鞋靴造型要素，设计出某种造型风格的产品。

（5）题材构思法

题材构思法是指设计师选择社会与自然的某个方面作为切入点，如城市题材、乡村题材、历史题材、校园题材、自然题材等。主题是设计师在某个题材中要表达的思想。设计题材可以相同，但主题可以不同。鞋靴设计主题的确立，离不开对时尚和社会热点的把握与反映，主题应有一定的普遍性和典型性。

题材构思法是设计师围绕确定的题材，组织各种造型要素进行产品（作品）设计。这种设计法在实际企划中已有所体现。在创意鞋靴设计中，题材的设立，可以体现出设计师思想的深度和敏锐性，是设计师常用的一种构思法。

（6）局部展开法

鞋靴造型设计局部展开法是指设计师从鞋靴造型某一要素入手，根据这一要素特点，组织其他造型要素，共同构成预期需要的鞋靴款式造型。例如，设计师发现一种精致的圆头，于是，从这个局部形态出发，依照其形态风格，设计鞋靴帮部件分割、加装配件、选择材料和色彩等造型构成要素，将它们组合成理想的鞋靴整体款式造型。

鞋靴展开构思法不局限于以上六种。在实际运用中，以上六种设计构思方法有时是单独运用，有时是综合运用。无论怎样运用，鞋靴设计展开要求设计师的设计，应是合理性和创造性的，唯有创新和与时俱进，设计师的设计才真正具有价值。

2. 草图、效果图、结构图表现

设计构思不能只停留在头脑中，好的设计创意还必须表现出来，以供设计人员和其他有关人员推敲、评价、修改和筛选。

在这个阶段中，草图紧随设计构思而行，以简洁、快速的方式捕捉设计师的设计灵感。设计师通过对草图的推敲、修改，得出较为满意的设计方案，并将这些方案用写实性的效果图（可手绘，也可以是电脑绘制）表现出来。

在生产实际当中，为使设计与技术环节、生产环节顺利衔接和便于沟通，效果图与实物可采取1∶1的比例来表现，并可采取多个角度去表现。一般来说，主图多选择俯视外侧3/4角度的鞋靴造型来表现设计构思，附图多采用平视正外侧或后侧角度的鞋靴造型来表现设计构思。

对于较为满意的效果图，设计师还应配以结构图，将设计方案的各部件组织方式、工艺手法等细节具体地绘制出来，并配以相应的文字说明和材料小样，在筛选和确定后，以供技术人员在打板和制作样品时参照。

3. 设计筛选与确定

设计师通过效果图将诸多设计方案形象直观地表现出来后，还需要不断修改和筛选，才能确定最终的设计方案。

方案的筛选与确定有两个标准：一是新设计出来的产品能否达到人与产品的高度和谐，即产品的经济性、实用性和审美性能否被特定的消费者和社会所接受；二是新设计出来的产品能否达到产品与企业的高度和谐，即新产品是否能被企业现有能力条件和目的所接受。

新产品经过检测后，符合条件的将进入下一个程序，不符合条件的，其设计方案就会被淘汰。

（三）设计方法

在构思鞋靴创意设计时，常有这样的现象：似乎已经想到某种极富创意的造型，但等到刚要提笔表达时，形象早已跑掉了，或者想到的一个初级造型相当不错，具有很好的发展前景，但就是不知如何发展。这时就需要运用设计方法，逐步解决不同的问题。

设计方法是许多设计领域共有的设计手段。比如结合法，在服装设计中，将衬衣与裙子相结合形成连衣裙；在汽车设计方面也可将汽车与游艇结合而形成水陆两用的汽车游艇；在鞋靴设计中仍然可以将运动鞋的鞋底与凉鞋的帮面组合在一起，形成运动休闲鞋等。由此可见，设计方法强调的是思维角度而不是具体的技术性处理。

鞋靴设计方法是指运用鞋靴设计词汇和设计规律，结合鞋靴的结构特点和要求而展开的设计手段。设计方法的作用是在设计师的头脑中缺乏形象或缺少有效手段时，提供必要的帮助。它具有以下特点。

（1）独立性强。可以不通过参考资料而“无中生有”地独立完成设计。

（2）操作性强。可以根据简便有效的定义和方法，顺藤摸瓜地寻找到所需的答案。

（3）机械性强。设计方法适用于初学者在自己的头脑中建立起设计体系的入门之道，当设计师已经掌握了一定的设计经验以后，就不应该再亦步亦趋地遵照设计方法按图索骥，这样会因为过于注重形式而钻进设计的死胡同，使设计显得呆板。

（4）组合性强。在设计过程中，设计师可以在设计对象中体现多种设计方法，使设计显得灵活多变、不露痕迹。

二、设计语言视角

设计语言的表达一般指在设计中体现自己的创作构思的艺术形式，以及在造型中表现手段的总和。设计语言涵盖较广，这是由它的特殊专业所决定的。当然，它在语言表达方面充分体现其秩序性、流畅性和明晰性；条理清楚、自然流露，这样才能把日臻成熟的设计语言表达出来。简洁明了是艺术设计的特征，也是追求的目标。

其实，语言的表达如同个性的展示，它们之间存在共性，都是把自己特有的表现技巧反映出来。语言的表达是通过设计的客体创作来完成的。在艺术历史发展进程中，艺术语言也在不断地充实和完善。同样，艺术的风格在语言表达上也有它的特性。风格的多样化，使设计构思和艺术创新更具特色，从而使设计语言的表达更加丰富。

科学性与艺术性是语言表达的另一特性，不管在视觉传播设计或立体设计、空间设计中，都具有科学性与艺术性的因素。因为科学给人们带来了文明和社会的进步，如同设计离不开科学，科学与艺术的结合也一样。这是因为科学给艺术注入了活力，带来了想象空间和创造力。

设计语言的表达是否准确，它源于设计者的修养和艺术创作底蕴的高低。

每一个设计师都应具有自己的设计语言，这样才能丰富艺术设计领域，让它经受社会实践的检验，使设计语言更好地起到桥梁作用。

（一）图与底

在图像学上，作为视觉中心的部分称为“图”，而相对成为视觉上忽略的部分则认为是“背景”或称为“底”。由这种“图”与“背景”的结合可产生一种形态性。有时也可应用于鞋靴产品造型设计。如在运动鞋设计上，黑色的“背景”，用补色白色做“图”，形成强烈的对比。整个鞋靴更加醒目，连续的白色带状线与白色图交相辉映，产生连续整体的视觉效果，使鞋靴显得有动力感，体现运动鞋的功能和特色。

（二）单纯化与明显化

在心理学上，为了使意义明朗化，将某部分予以省略，称为单纯化，而加以强调以便让人接受则称为明显化。鞋靴造型活动均以“符号”与人们进行沟通与交流。因此，鞋靴造型越有特色越好。但是必须明确地表达鞋靴设计意图，如“将模糊的东西加以确切化”“将真爱的东西加以简单化”。

（三）集中构成

集中构成强调完整与集中。由于视点的集中，形象也就紧凑有力。

（四）打散构成

打散构成是一种分解合成的方法。分解不仅有利于了解结构，还能了解局部变化对形态的影响。例如，鞋靴纹样被有机地分割重组，色彩上虽有高明度反差，但仍然显得整体均衡。

（五）整体与局部

整体与局部是相对而言，是局限于一定范围内的。注重整体而忽略局部，设计语言将会简单、程式化。注重局部而忽略整体则会造成形式的杂乱、无序，同样会失去美感。正确地运用两者的关系，是把鞋靴作为整体设计的依据。例如，鞋的造型简单，整体、局部色调的处理显得匠心独运，可使得单纯化的鞋面富于变化。

（六）夸张与概括

夸张与概括亦是设计语言的一种。就鞋靴设计而言，因受穿着生理、舒适和力学要求的制约，其夸张的幅度不宜太大，而概括是相对于夸张的一种精简。概括得恰到好处，反而会增强设计语言的丰富性。例如，鞋帮面上的装饰亮片夸张到了极致，不仅没有破坏鞋面的整体效果，反让它显得雍容华贵，原因就在于鞋的整体造型简练、概括。

三、设计创意视角

对于鞋靴造型设计，创意的表达是脑与手谐调的创作过程，是设计创新中进行的思维活动。它从本质上来讲是一种创作性的思维活动，是设计思维从无序化到有序化，从模糊的思维意识到逐步清晰、明朗化的过渡阶段。鞋靴设计的先决条件是从创意主题开始，是由不成熟到成熟，逐步走向完善的过程。

鞋靴造型设计不是进行简单的模仿或修改，应该是创造性设计思维在鞋靴造型上的体现。这要求鞋靴设计师能够运用创造性设计思维，把巧妙的设计构思表现在鞋靴造型上。那么，鞋靴造型设计的构思规律有哪些？创造性设计思维又有哪些？如何把创造性设计思维同构思结合起来呢？这就需要分析一下鞋靴创意设计的意义和特点等。

（一）鞋靴创意设计的意义

在服装设计中，设计师的创意服装构思独特、材料新异，使人过目不忘，从而在时装发布会上一鸣惊人，提高了自己的知名度，为推出实用装铺平了道路。同样，在鞋靴设计中，创意鞋靴会使设计气氛活跃起来，打破目前国内实用鞋靴设计呆板、沉闷的局面。同时，创意鞋靴在一定程度上给实用鞋靴提供设计参考。创意鞋靴经过一定程度的处理，可以变成被某些人接受的具有实用价值的“准前卫”鞋靴。这类鞋靴往往是个性化鞋靴的开始，经过一定时间的考验和一定人数的模仿，就会成为流行鞋靴。所以，创意鞋靴的设计在一定程度上成了引导流行的设计。

创意鞋靴的设计对于引导鞋靴流行、活跃设计气氛、缩短国内与国际鞋靴设计差距等方面起着很重要的作用。而且，创意鞋靴的设计能很好地体现设计师的创造力。鞋靴创意设计是一种强调设计师个人风格，表现设计师设计意念，领先于实用鞋的设计。它具有以下三大特点。

（1）极大的超前性。强调设计灵感和设计手法，造型新奇。

（2）无视实用功能。所有的创意设计都不重视实用功能。

（3）热衷于对造型和材料的开拓。创意设计必须在造型或者材料上有新意，造型上一般注重夸张离奇，材料上也是无所不用，以达到新奇的目的。

（二）鞋靴创意设计的规律

构思是创作过程中的思维活动，人们对客观事物与社会生活进行观察、体验、分析、研究，然后对素材加以选择、提炼、加工，才能塑造出艺术形象。任何艺术作品都会体现创作者的设计思想，而这种思想又指导整个艺术创作过程中的思维活动，这种思想被称为创作构思。

鞋靴设计是艺术创造与实用功能相结合的设计，设计师必须在通过对生活的体验与认识的基础上形成创作构思，从日常司空见惯的鞋靴款式中创造出更新颖、更美的鞋靴来。一般来说，鞋靴构思灵感来源规律有以下四个方面。

1. 表现梦幻的设计主题

让鞋靴体现对未来的想象和时代的气息，即表现梦幻的设计主题。它常取材于现代工业、现代绘画、宇宙探索、电子游戏等方面。

2. 表现风格的设计主题

让鞋靴体现异域风情，即表现风格的设计主题。它常取材于不同的民族、不同地域的民俗民风等方面。

3. 表现田园的设计主题

让鞋靴体现绚丽多姿的风采，即表现田园的设计主题。它常取材于大自然、生物世界等方面。

4. 表现古典的设计主题

让鞋靴抒发怀古、怀旧的情感和抒情浪漫的意趣，即表现古典的设计主题。它常取材于历史题材。鞋靴设计师应从过去、现在和未来的各个方面挖掘题材，寻求创作源泉，同时还要根据流行趋势和人们思想意识的变化，选择符合社会需求、具有时尚风格的设计题材，使鞋靴达到一种较高的艺术境界。

除此之外，鞋靴创意设计构思还可从其他方面获取灵感来源。

（1）自然宇宙。自然宇宙的色彩涉及很多方面。如：宇宙色（宇宙飞行员拍摄的太空色彩）、霞光色、海滨色、沙滩色等，这种题材常用于表现梦幻、田园的设计主题。

（2）植物花果。鞋靴设计主要是在款式、色彩、图案、材料等方面模仿植物花果的外形、色彩及肌理等。这种题材常用于表现田园、嬉皮的设计主题。

(3) 矿物器皿。鞋靴设计主要是在材料方面模仿矿物器皿的肌理。这种题材常用于表现古典的设计主题。

(4) 建筑结构。鞋靴设计主要是在底部件、帮部件结构组合方面，模仿建筑结构的艺术风格。这种题材常用于表现嬉皮、都市的设计主题。

(5) 艺术流派。各种艺术流派和技法有相互联系、相互渗透、相互沟通的关系，这些也为鞋靴设计构思带来了新的启示。鞋靴设计往往采用了古典绘画和传统绘画以及各种艺术流派的技法，如印象派、抽象派、现代派、光亮派和光效应派等。

(6) 传统遗产。我国的传统遗产十分丰富，如壁画、彩塑、彩陶、青铜器、漆器、京剧脸谱、民族服饰等。这种题材常用于表现古典、梦幻的设计主题。在鞋靴设计中，可以运用传统遗产中的造型和色彩来表达。比如，靴鞋帮面可以采用各种民族饰品的造型和色彩搭配，鞋靴也可采用传统的青铜纹样和壁画色彩等。

掌握鞋靴创意设计构思规律和明确创意设计灵感的来源范围，进行鞋靴创意设计时，可以让构思思路更为清晰和明确。

(三) 鞋靴创意设计程序

灵感产生非常短暂，因此，能否抓住灵感就显得非常重要。一般来讲，创意构思的表现需注意以下步骤。

1. 迅速做好记录

一旦灵感突然出现以后，就必须以自己最擅长的方式做好记录，可以是图形、文字、符号等，只要能代表灵感就行。

2. 审核灵感记录

设计是一门造型艺术，有些灵感的理念因素太多，并不适合用来发展成造型。这时，就应该舍去一些没有造型特征的灵感，保留一些具有比较清晰的形象的灵感，以便进一步加工整理。人们称之为具体化、形象化灵感。在运用造型方法上，具体化、形象化会使灵感更为清晰、完美。

对设计师来讲，灵感的确十分重要。但是，光有灵感还不行，关键是要把它转变为符合鞋靴特点的设计构思。为了把灵感转换成设计构思，常采用以下三个步骤。

(1) 把比较成熟的灵感用一系列草图表现出来，以便从中挑选出最合适的造型。

(2) 结合鞋靴和人脚的特点，把来自灵感的图形，画成可以穿在人脚的鞋靴造型。这时的鞋靴造型需要用形式美原理和鞋靴的基本要素为依据，进行反复修改，直至与想象中的效果吻合。

(3) 画稿的自我检查。凭一时的冲动而一气呵成的画稿并不会个个完美，相反，有许多想法由于种种原因而显得不成熟甚至失之偏颇。若能用局外人的态度来检查自己的作品，会看得更清楚，在此前提下对画稿的修改，会更接近客观的审美标准。抓住灵感和表现灵感是进行鞋靴创意设计的第一步，灵感的获取和表现对鞋靴创意设计的成功与否起着决定性的作用。

(四) 鞋靴创意设计的方法

鞋靴创意设计中经常应用以下四种设计方法：复古法、仿生法、反对法、极限法。

1. 复古法

鞋靴设计的复古法是指鞋靴样式参照了古代一些服饰、装饰的样式，运用了一些古典风格的图案进行鞋款的装饰，根据现代鞋靴的特点，重新筹划鞋靴款式，使鞋靴体现古典韵味的一种设计方法。这种设计方法在鞋靴中的应用规律，主要有以下两点。

(1) 参照古典风格的鞋款在帮面上参照古典鞋款，如东方的绣花鞋、西方的牛津鞋等。在底跟的处理上模仿一些国外的古典式底跟，如路易斯式鞋跟等。在材料的处理上运用一些复古材料，如丝绸、松紧布等。在工艺的运用上采用传统古典式工艺，如线缝工艺等。

(2) 运用能体现古典风格的图案进行鞋款装饰，在鞋帮或底跟上运用具有古典气息的图案，使鞋体现古典的气息，帮面中大面积采用传统的藻井图案和丝绒镶边，并运用传统的色彩。

2. 仿生法

仿生法是设计师通过感受大自然中的动物、植物的优美形态，运用概括和典型化的手法，对这些形态进行升华和艺术性加工，结合鞋的结构特点创造性地设计出鞋款。仿生法在鞋靴设计中的应用规律主要有以下两点。

（1）在鞋部件中模仿动物、植物的形态造型。

（2）在鞋材料中模仿动植物的纹理造型。如蛇皮鞋靴、鳄鱼皮鞋靴等。

3. 反对法

顾名思义，反对法是把鞋靴原来的形态、性状放在相反的位置上思考。通俗地讲，就是换个角度想问题。反对法的意义不仅是改变了鞋靴造型，往往还是鞋靴新形式的开端。反对法在鞋靴设计中的应用规律主要有以下三种。

（1）对鞋靴造型位置的反对

这种改变包括前与后的反对、上与下的反对、左与右的反对以及正与斜的反对等。比如，鞋靴的开口位置可以在前面也可以在侧面和后面等。

（2）对鞋靴用途的反对

形态、性状放在相反的位置上思考。比如，是否能将男鞋变成女鞋，夏季鞋款变成冬季鞋款，或礼鞋变成休闲鞋等。

（3）通过寓意性联想思维设计鞋靴

它是通过设计师把某一事物表达的某种意义或思想内涵赋予到鞋靴造型设计中，从而确定出新的造型设计。这种设计主题的确定，实质是事物主题之间的相互转换。

4. 极限法

鞋靴的极限设计法是把鞋靴原来的造型进行极度夸张，从中确定最佳方案。在设计鞋靴时，不妨把一个简单的鞋靴造型进行夸张想象，这种夸张既可以是夸大的，也可以是缩小的。应允许想象力把原来造型夸张到极点，然后，根据设计要求进行修改，例如鞋帮面被取而代之为缠绕脚面与鞋底的细细的带子。夸张在这里被缩小、简化。值得一提的是，极限法并不改变原来鞋靴部件的数量，而是对其长短、宽窄、厚薄、高低、软硬等因素的改变。创意设计思维是创意构思得以具体化的有效手段，构思是否巧妙，在很大程度上取决于创意设计思维的运用。在设计的过程中，可以把多种设计思维同时使用，使创意鞋靴具有丰富的内涵。

通过上述分析，可以发现创意鞋靴的设计，关键是确立灵感来源即构思，然后运用创意思维使灵感具体化。因此，掌握鞋靴创意设计构思规律和创意设计思维是进行鞋靴创意设计的关键。

第三节　多维视角下箱包创新设计

一、造型视角

箱包的造型风格可以从多个角度、不同方面来区分，如传统、现代、中式、西方、经典、时尚、简约、繁缛、职业商务、休闲运动、青春热烈、典雅精致、稳重大方、活泼可爱、另类风格等。但是箱包的外轮廓造型永远是风格塑造的根本要素。

对于箱包而言，既具有物质产品的实用性，又具有不同程度的精神方面的审美性。作为物质产品，它反映着一定社会物质文化生产水平；作为精神产品，它的视觉形象又体现了一定时代的审美观。因此，箱包设计一定要融合在社会大文化背景之下，才能获得成功。设计师要用视觉去感知流行中的普遍性，通过大脑的积累、整理、分析，总结归纳其共性规律特征。正在流行之中的事物极具普遍性，流行元素相似的造型反复出现会引起视觉疲劳和心理麻木，最终导致心理无视状态。设计师要适时地把握时机，从中提炼、挖掘能够调动人们视觉心理活跃的特殊流行元素，创造新的造型形式。

（一）对称与均衡

到目前为止，由于对称造型具有严肃、大方、稳定、理性的设计特点，所以对称仍然是箱包设计中使用最为广泛的造型形式。

1. 对称

箱包的对称造型最重要的体现首先是在包体的外形塑造上，其次是包面装饰结构和包盖形状的对称。在实际设计中，常用的对称形式有左右对称、局部对称、轴对称、前后对称等，其中尤以左右对称形式最为多见。对称形式虽然在视觉上显得有些缺少变化，但由于它常常是陪伴在有自由曲线状态的人体身边，通过与人体的对比反而衬托出一种特别的端庄大方感。

2. 均衡

均衡指通过调整形状、空间和体积大小等取得整体视觉上量感的平衡。对称与均衡都是从形和量方面给人平衡的视觉感受。对称是形、量相同的组合，统一性较强，具有端庄、严肃、平稳、安静的感觉，不足之处是缺少变化；而均衡是对称的变化形式，是一种打破对称的平衡，这种变化或突破，要根据力的重心将形与量加以重新调配，在保持平衡的基础上求得局部变化。

在箱包的造型设计中，均衡也是一种常用的设计手法，均衡而不对称的设计往往能够取得意想不到的时尚效果。例如，包上口左侧低于右侧，包扇面上的花朵在左侧突出，获得了均衡的造型效果。

（二）对比

造型对比能有效地增强对视觉的刺激效果，给人以醒目、肯定、强烈的视觉印象，打破单调的统一格局，求得多样变化。箱包造型中的差异对比主要表现为：平面结构分割的疏密粗细，装饰构件的聚散顺逆和大小多少，面料色彩配置的明暗、柔和程度以及整体外形长短宽窄、转折与边缘线的刚柔曲直开合形式等。

（三）节奏与韵律

节奏与韵律是一种形式美感和情感体验的重要表现方面，它存在于形式的多样变化之中，也存在于和谐统一之中。

1. 节奏

节奏是一定的运动式样在短暂的时间间隔里周期性地交替重复出现。它不仅是指某一时间片段的持续反复，也是一种既有开头又有结尾的相继变化过程。例如连续的线、断续的线、黑白的间隔、特定形状与色彩重复出现就能形成节奏感。形状、色彩、空间虽是静止的，但视线随点、线、面、体、形状和色彩的排列与组合结构巡视的时候，必然产生视觉组织的生理运动。生理机制上的运动使人感觉到造型形式节奏的存在。例如，包袋扇面上线型的反复设计，就是一种节奏。纹样和色彩的重复出现，也是一种节奏，如花布背包、索袋、挎包中经常采用二方连续或四方连续等反复形式。又如，包面局部色彩与缉线、搭扣、花结、拉链、标签等配饰色彩的反复使用，形成节奏。还有就是当包面由两种以上不同面料构成时，不同面料间的反复以及包面与里层材料的反复也会形成节奏感。

另外，从节奏的组成秩序上谈，箱包造型设计中的节奏有三种类型。第一种是渐变型节奏：表现在设计元素呈递增或递减、渐强或渐弱的逐渐变化的延续过程中，富于空间感和运动感。第二种是规则节奏：设计元素呈规则的运动和刻板的重复，一成不变地从头至尾循环反复，有严格的延续运行秩序，主观性强。第三种是非规律节奏：设计元素是一种非规则的、既重复而又不雷同的节奏。

2. 韵律

造型艺术中诸矛盾因素的变化统一便产生一种节奏的和谐即韵律。美丑依附于事物的模仿，也决定于材料相互间构成的形式关系。形式关系的美丑又在于形式节奏的对比是否和谐，是否能产生韵律。

3. 节奏和韵律的关系

节奏和韵律都是一种形式审美感觉，是从客观事物的结构和关系中提炼出来的普遍抽象形式。节奏是事物矛盾延续变化秩序的一般形态和基本形态，韵律是事物矛盾延续变化秩序的特殊形态和高级复杂形态。节奏是一般的简单变化秩序，韵律是特殊的复杂变化秩序。一个复杂节奏总是由多个简单节奏组合而成，从而形成具有音乐性韵律的美感节奏。节奏是韵律产生的根源和基础，韵律是节奏变化的产物结果。

（四）比例与夸张

箱包形态结构的变化，多注重形体的结构，以面造型，用边缘线表现结构。

1. 夸张

从艺术审美学和造型艺术形式而言，夸张变形大体可分为三种类型：一是基于形体结构的夸张变形；二是基于审美情感的夸张变形；三是基于几何形态的夸张变形。箱包的夸张变形围绕着这三种形式进行变化，变化的目的是丰富箱包的造型艺术美感、生动趣味性和视觉美感。

夸张是一种最为强烈的变形形式。夸张的具体手法就是对表现有关本质和特点的部分加以特别的强调。造型上的夸张，要鲜明有力地突出箱包外形的造型特征。要把握使用功能，根据创作的特定需要，对于物体的形状、色彩以及空间关系按理想进行夸张造型。变形与夸张形象尽管千变万化，但万变不离其宗：一是不失箱包的基本功能特征；二是将设计风格体现在形状上。

2. 比例

比例是指箱包的整体造型与局部造型以及局部与局部造型之间的数比关系。在造型设计中如果不能掌握合适的比例关系，就会产生不平衡的无序形状和怪异畸形。比例适合是指箱包造型的部分与部分、部分与整体之间合乎和谐的数理组合关系，这种合适的比例关系会使人产生和谐的视觉秩序感。

二、色彩视角

色彩在箱包设计中占有十分重要的位置，它与造型、纹样、材料、工艺一样，是箱包设计的主要内容之一。色彩是视觉的第一印象，常常具有先声夺人的力量。在对箱包产品的最初注意力上，色彩的作用远远大于形态和材质。色彩在箱包的设计、审美及营销过程中发挥着巨大的作用。因此，对色彩的设计和把握能力是箱包设计师所必须具有的。

箱包色彩的构思，是设计者在设计前的思考和酝酿的过程，是一种融形象思维和逻辑思维为一体的创造性的思维活动。这种创造性思维具有独立性、连续性、多面性、跨越性及综合性等特征。构思过程应包括宏观整体设计的思考和微观具体设计上的构思。前者如使用者的生理情况、心理情况、使用时间、使用场合及社会环境等，后者如材料、质地、图案、色彩等。设计师通过宏观、微观上的思考，确定设计意向，进而展开具体的设计活动。

（一）色彩设计概述

1. 色彩为主，造型衬托

这种方法主要用于强调色彩配置、色彩特性，表达设计师对流行色彩的把握和运用，通常以流行色为主，造型时尚相对弱化。

2. 造型为主，色彩补充

这种方法主要用于强调箱包造型款式，突出造型的特点，而并不强调色彩的绝对时尚化，要求设计师对于造型的敏感和灵活运用。

3. 造型色彩并重

这种方法要求设计师从造型和色彩两个方面综合考虑，确定设计意图，突出箱包的整体美。它是设计师普遍采用的色彩构思方案。

（二）色彩构思的灵感来源

设计灵感是创作过程的一种特殊心理状态，具有偶发性、突出性和短暂性三个特征，是在注意力高度集中于设计创造的情况下产生的。设计师头脑中长期积累的知识是产生灵感的基础。箱包色彩的构思通常离不开灵感启示，任何事物现象都可能成为箱包色彩构思的灵感源泉。

1. 使用对象

由于使用对象存在生理、心理以及所处的消费阶层、文化素养等方面的不同，必然使设计构思产生与其个性相适应的配色计划，针对某一消费者或消费群进行色彩思考和选择，使箱包色彩与使用者的心理、生理和谐统一。

例如：儿童书包，一定要考虑儿童的色彩心理，选用鲜艳的色彩作为主色，其上装饰有卡通等图案，表现儿童活泼可爱的性格；为年轻人设计的双肩背包，选用的色彩依然活泼，但纯度、明度降低，符合青年人对色彩的审美要求；包袋色彩以稻草黄为主色，以咖啡色为拼配色，形成规则的几何图案，图案规整有秩序感，但中间的红色和绿色条纹，极具民族传统气质，是时尚元素的体现，适合中青年人的品位要求。

2. 社会色彩信息

色彩的社会信息及流行色，是一种社会中的色彩消费现象，往往表现为一定时期内出现一种或数种为某一集团阶层多数人接受和使用的色彩。色彩社会信息的传播渠道通常有网络、报刊、会展、商业活动等，通过准确及时的社会信息，可以分析和了解人们的色彩消费意识及审美需求，由此得到符合市场消费需求的流行色彩，指导箱包色彩设计的构思，使设计的产品适销对路，满足不同消费层次的要求。例如：金属粉色，是近年来女性十分喜爱的颜色，具备明显的女性味道，而又不失优雅格调；白色手提包，以黑色提手作陪衬，一直处于时尚的前沿。

3. 自然色彩

自然界有着非常丰富美妙的色彩，设计师可以通过细致观察、用心体会来启发构思。基于各种自然景物的色彩现象与变化规律，设计师要寻取大自然中色彩美的形式，积累色彩的形象资料，通过联想和想象，概括和归纳出比较理想的色彩形象，巧妙运用于箱包色彩设计中。此外，设计师还可借助网络、影视、彩色印刷品等色彩图片资料，作为间接的色彩形象资料，丰富色彩的形象思维。例如：树叶的绿色，树干的棕色，花朵的橙色、紫色形成图案的主色调，大自然的气息十分浓烈；包袋选用彩虹的七彩色，十分梦幻多彩。

4. 姊妹艺术

各种艺术形式既有其自身的特点，也存在相互联系和影响，箱包色彩设计可以学习和借鉴音乐、绘画、建筑、影视、文学等艺术形式的色彩及表现形式，从中西方不同的艺术风格流派中广泛吸收色彩营养，寻找配色美的规律。如由激昂的乐曲联想到鲜明的色调，由忧郁的乐曲联想到阴暗的色调，由文学词汇联想到相应的色彩意境和情调，启发诱导箱包色彩的设计与构思。例如：编织设计，选择编织艺术手法，营造了粗犷、凹凸的时尚风格；包袋在扇面和包盖上蒙覆一层蕾丝，透过蕾丝隐隐约约可以看到内里的皮革，凸显优雅神秘的淑女气质。

5. 民族文化

世界上各民族之间由于所处的地理位置、自然环境、生活方式、宗教信仰、风俗习惯等方面的差异，形成了不同的民族文化。每个民族都有自己的色彩爱好和使用习惯，深入分析这些民族色彩文化现象，对于箱包色彩设计构思具有不可忽视的重要意义。借鉴和吸收民族文化特征，是择其精华，用其精神，可以通过一个民族的绘画、音乐、用具、服饰等诸多具有本民族特色的素材，借助箱包设计所特有的表现方法，进行独到的创意设计。例如，印第安风情设计，将体现印第安色彩的红色、黑色和旋转图案以及刺身效果，应用在包面的图案设计上，民族气息浓烈。又如，有的包底，运用青花瓷的颜色和艺术手法设计包袋的图案，传统意味悠长。

三、图案视角

箱包图案装饰不是对造型空间的简单填充，它是装饰造型不可或缺的组成部分。通过对图案纹样、色彩、材料的处理，可丰富包体表面的肌理效果，不仅体现出装饰的个性特点，而且能增添装饰的新意。通常，箱包图案以简练、明快的色彩来表现，以有限的几种色彩来概括丰富的图形，追求不同的对比变化、诱人的色调和多层次的效果。

无花型的多色彩条格搭配统属箱包图案设计的范畴，因为这种设计的箱包表面由多块色彩形状拼接而成，色与形密不可分，形成整体意义上的箱包图案效果。箱包图案与色彩之间无论是调和的还是对比的关系，图案中的色彩只起陪衬、烘托的作用。

（一）图案色调的意境表现

箱包的色彩表现是根据色调的变化而呈现出特殊的意境效果。一般而言，柔和素雅的色调带来宁静安详的感觉，图案富于变化且让人感觉和谐愉快，适合那些不事张扬、舒适优雅的生活方式；而那些具有冲击力的颜色，会产生令人震撼且充满矛盾的感觉，属于那种招摇的、寻求众人瞩目的高调生活方式。欢快的色调令人不禁愿意去幻想、感觉和体会，充满了力量、生机、希望以及自由等感觉；沉默的中间色调平静安定、柔和安宁、轻描淡写、低调坦诚，不表达明确的态度，灵感来自不张扬的、平凡的事物和服饰。

（二）色彩的性格

在进行图案色彩设计时，由于色彩具有比较明确的性格和联想，因此设计师一定要根据使用者的欣赏标准进行设计。对于设计师而言，要求掌握消费者色彩心理，能够充分把握流行色彩系列，在设计之前对色彩的市场消费状况做相应的一手调研，并总结色彩消费规律，针对不同消费者的心理需求来创作色彩设计。例如，学生包的卡通、漫画式图案设计及大胆的色彩搭配等，就是色彩性格和色彩消费的和谐统一表现。黑白图案色彩，采用豹纹作为图案的主题表现，色彩选用黑白色搭配，尤显包袋的时尚特色，甚至有些许的冷酷和单调。橘粉花卉图案包袋设计，与前者相比具有非常强烈的女性特点，来自橘色和粉色家族的一组顽皮、亲切、爽直的色彩，使热烈的花束团发生了裂变和变异，成为一组流畅的暖调亮色，这是极度女性化的色彩，同时充满了轻盈、有趣、天真和孩子气。

终极亮色令人产生色彩撞击感。纯粹、有力、强烈、积极，好似来自运动世界的缤纷色彩，明亮与大胆的色彩之中蕴含着优雅；富丽、绚烂的金属质感色彩，光彩熠熠、焕发出无限的魅力。而强调夸张、强调个体的白色是永恒的色彩，是智慧与诗意的色彩，优雅而有魅力。

第四节　多维视角下帽子创新设计

帽子的设计主要从造型、色彩、材料、装饰这四个视角考虑，同时也要考虑流行风格等方面的因素。

一、造型视角

（一）变化帽身

帽身的变化主要是指帽身的高矮宽窄的变化，与帽子的类别和使用场合有关。例如，传统的贝雷帽上面略大于下面，帽身不高，在传统的基础上通过改变帽身形状可以有多种变化形式。

（二）变化帽檐

帽檐是整个帽子中最易变化、最具有创造可能性的一部分，帽檐的变化从两个方面来考虑，一是帽檐的宽窄倾斜变化，是一种比较传统的变化方式；二是帽檐的无规则变化，在现代，帽檐的无规则变化形式很多，远远超过传统帽子的造型式样。具体可以采用加宽、变窄、翻卷、切割、折叠、起翘、倾斜、取消等方法进行变化。

（三）变化巾帽的缠绕方式

巾帽由于是用布条在头顶上盘绕而成，没有帽檐，所以造型变化都集中在帽冠上，如可以将帽冠部分缠绕成规则对称形，也可任意盘绕，随意变化，并且可以夸张缠绕后巾帽的体积；或者用一整块布，通过捏褶、收省的方式塑造帽子的轮廓形态。

（四）变化帽子基型

在帽子造型的设计中，可以打造基本帽形——帽顶、帽墙、帽檐的概念，设计出奇异、夸张的造型。和服装相比，帽子的受限部位很少，这样也有利于创造帽子奇异的造型。

在造型变化中，可以利用仿生与借用的方法来突破帽子的固有款式。

仿生就是以自然界中动物、植物等作为原型，在此基础上，将原型的特征加以抽象和概括，运用于帽子的造型中。例如，运用仿生的手法，以冰激凌、孔雀的造型进行设计，使帽子的造型更加生动。借用的方法是引用其他设计领域物体的造型，根据帽子的特点加以改变，它打破了人固有的思维模式，具有很强的趣味性。

二、色彩视角

帽子的色彩除了与服装和其他饰品相统一或对比外，帽子本身的色彩设计也很丰富。可以运用拼色设计，增强帽子本身的色彩层次；也可以将帽子主体的材料与装饰品的材料的色彩进行协调或对比设计。另外，在针织类帽子设计中，色彩非常丰富，可以运用彩线设计出不同的色块、不同的图案。

三、材料视角

（一）单一材料的运用

以相同的材料，通过表面肌理变化、色彩的搭配形成同质同色、同质异色的组合设计。

（二）材料的组合运用

以不同材料，采用相同色彩或类似色彩的组合设计。

（三）材料的创新运用

对常用材料进行再造或使用新材料进行创新设计，是前卫风格或创意服装设计中的常用手段。创新材料的运用往往配以夸张的轮廓造型。

四、装饰视角

装饰是增加帽子魅力的重要手段之一。帽子上的装饰天地是非常广阔的。在帽子上常用的装饰有：缎带、蕾丝花边、羽毛、立体花、纱网、珠子、植物、金属片、刺绣及各种新材料制作的饰物。装饰手法多用于女帽上，近年来男帽的装饰性设计手法不断增强。下面从材料和使用方法这两个方面来研究帽子上的装饰设计。

（一）缎带

缎带是在帽子上用得最多的一种装饰材料，一般做成花结用在帽子腰线上，缎带花结的形式有很多，在男女帽上都可以使用。

（二）人造花、刺绣

纺织品通常用来做成立体花装饰帽子，这种方法常用于女帽设计，做立体花的面料可以与做帽子的面料一致，也可以不一致。立体花和刺绣纹样可以用来装饰帽身和帽檐。

（三）羽毛

羽毛装饰在男女帽上都可以使用，如果是少量的羽毛，一般插在帽子腰线上；如果是较柔软的一组羽毛，一般放在帽檐上，这样使帽子显得富丽华贵。

（四）纱网

纱网一般只用在女帽的装饰上，其中以药盒帽、宽檐帽为主，纱网常与立体花组合使用，用纱网装饰的帽子有朦胧神秘的感觉，这类帽子常与晚装、礼服搭配使用。

（五）珠子、宝石

珠子和宝石包括人造珠宝和天然珠宝。用天然珠宝装饰的帽子很昂贵，常见的帽子一般使用人造珠宝装饰。设计时可以用单独的珠子和宝石做装饰，也可以结合珠串刺绣图案，产生很精致的效果。

（六）植物

宽檐帽常用植物装饰，另外就是造型非常夸张的创意帽子用植物装饰。有些非实用性的帽子完全是用植物堆砌而成。

（七）金属

通常用于较为前卫的设计。用金属装饰的帽子，通常在比较特殊的场合中使用，日常生活中戴的帽子一般较少采用金属片作装饰。

五、风格视角

在帽子设计中，运用不同的造型、色彩、材料及装饰，就会形成不同的风格。帽子的风格概括起来主要有以下五类。

（一）淑女风格

强调优美的曲线造型，体现出女性的气质特征；常采用缎带、刺绣、珠宝、纱网、羽毛、丝带、蕾丝等装饰；代表的帽子有钟形帽、宽檐帽、圆顶礼帽、豆蔻帽、药盒帽等。

（二）中性风格

其是指在女性服饰中融入男性化的元素，形成简练、两性共通的风格倾向。这类风格的帽子常运用线条硬朗的男帽款式，如贝雷帽、鸭舌帽、高顶礼帽、牛仔帽等；以相对硬挺的呢毡、皮革、牛仔等材料，形成简练造型；常采用中性灰色调色彩，并且采用少量简洁的帽带、花结、羽毛、绳带等女性化元素点缀，收到刚柔并济的设计效果。

（三）民族风格

在帽子设计中常采用天然材料或有民族特色的面料，强调手工制作的古朴感；运用有民族或地域特色的图案、色彩、装饰物等；帽子的色彩比较鲜艳，带有浓郁的民族特征。

（四）前卫风格

先锋前卫风格给人以反传统、反体制、破坏性的感觉。这类帽子在设计时追求强烈、刺激的视觉效果，突破传统的帽子基型，不拘一格；帽型变化很大，强调对比因素。在材料运用上，往往采取异乎寻常的混搭方式，将各种面料、金属、塑料、毛皮等不同质感、肌理的材料同时混搭于同一顶帽子中，并且在一些帽子中有意识地制造出磨皮、破洞的效果。20世纪70年代出现的朋克族、80年代的乞丐装、90年代的结构主义及后现代主义都体现了这类风格倾向。

（五）运动、休闲风格

以简洁明快的造型给人以轻松愉快、健康向上的服饰形象；在设计中常采用简洁明快的造型，强调材料的拼接组合，多用金属扣、文字、印花等进行装饰；以柔和的中性色为基调，加之鲜亮的点缀色，与服装共同表现出轻松愉快、健康向上的感觉。代表种类有棒球帽、贝雷帽、宽檐帽等。

现在的服饰设计领域，已不再是单一风格的表现。因此，在许多帽子设计中，常常同时融入多种风格元素。如中性化的礼帽中加入街头戏谑的图案与装饰物以及女性化的花结饰带、蕾丝等。

第七章　服装与服饰品创新设计能力的培养

第一节　设计师的基本技能和素质要求

根据需求动机理论，人的需求是复杂的。从基本的生理需求的满足，到心理、文化、自我实现等需求的满足，级数层层递增。如果从人的基本要求来看，应该说起码包括两个大的层次，即物理层次（或者称为生理层次）和心理层次。舒服、适用、安全、方便等都属于第一个层次范畴，而美观、大方、时髦、品位、地位象征性等则属于第二个层次的内容。在大多数产品需求上，人们都是首先要求物理或者生理需求的满足，然后再要求心理需求的满足。设计师的工作基本是循着这种需求的层次调动各种因素来满足这些需求。正是因为人的需求的复杂性，适应需求的工作设计，也就成为内容非常复杂的工作了。

设计不是简单的外形美化过程。因此，要想成为一名服装设计师，就需要具备多方面的素质，在设计过程中能够综合思考分析经济、文化、社会、历史传统、消费者特征、价格标准、客户意向、人体工程学、材料与技术等因素，以适应不同的需求、不同的市场。

一、文化艺术素质

设计的目的是为人服务，而人是社会的人，长期生活在一定的人文环境中，已经形成了固定的文化观念和道德准则。作为服装设计师，所从事的工作是与人有密切关联的，因此，了解一些人文知识是必要的。

服装是生活必需品，它不仅要满足人们的生理需要，同时也要满足人们的审美需要。服装设计被称为“第八种艺术”，服装设计师应具备较高的艺术素养和审美能力，同时要善于打破常规，推陈出新，创造新的流行。

（一）人文知识和素养

政治、历史、哲学等人文学科虽然看起来和服装设计的关联并不明显，但它们几乎是所有文化表象的底蕴、本源。服装是文化的载体，中外历史上出现过的事件或多或少总会在当时的服装中反映出来，正如千古文章都是顺应时事而出，盛世之中的文章华采风流，战乱时的诗篇激昂慷慨。以清谈玄学为特点的魏晋建安风骨，也反映在当时文士们飘然欲仙的宽衣广袖上。了解某种服装出现的必然性，与当时的思想文化、社会思潮的对应关系，对现今的设计将会有深层而宏观的影响和方向指导。

从高级时装的诞生，到后现代主义设计风潮风行的今天，哲学、文学、历史等一直是服装设计的灵感来源之一。中华几千年的历史，孕育了数之不尽的智慧和绮丽的文明诗篇，只待后人去发掘运用。

设计从更深层次的意义上来讲是一种人文活动，是对人的一种人文关怀，设计师必须对他所服务的人群及其隶属的社会从政治、历史、哲学等角度做深入的了解，才能在设计上有的放矢。一位优秀的服装设计师必须具有宽广的文化视角、深邃的智慧和丰富的知识，广泛涉猎、文化与智慧的不断补给是创造灵感的源泉。好的设计并不只是外形的创作，它是综合了许多智力劳动的结果。涉猎不同的领域，可以使设计保持开阔的视野，带来更多的文化信息。在设计中最关键的是意念，好的意念需要不断供给的学识修养去孵化。

作为一名设计师，必须不断地去补充自己的人文知识，了解历史，了解今天，了解时代的发展脉络，设计只有建立在这些基础上才能有的放矢。

（二）绘画技术与能力

虽然设计不同于纯艺术劳动，但设计与艺术有着与生俱来的“血缘”关系。在设计师这一行业独立出来之前，通常是由有艺术才华的工匠或者艺术家来担任设计。设计师培养的重要内容之一是其艺术素养以及设计表达能力。

服装设计师首先要掌握艺术设计技能，其中艺术素质包括艺术鉴赏能力、艺术形式美的把握能力、艺术表达能力、艺术理论水平等，这是设计师的必备条件。倘若没有色彩的分析辨别力，或缺少对服饰美的比例的把握能力，那么是无法胜任设计工作的。

艺术素质的培养是训练服装设计师的形态表现能力、想象能力和创造能力。现代设计教育中的素描、色彩课程，应该不同于绘画艺术学生的培养，因为再现自然已不是目的。设计素描应该把握结构、表现基本形态，甚至可以“从具象到抽象”，“无中生有”来分析、联想、创造出新的形象。设计的色彩包括写实色彩和色彩构成，前者是训练设计师的眼睛及能十分敏锐地捕捉色彩的能力，后者是较理性地分析研究色彩的规律等。

平面构成、立体构成、服装图案等是培养学生设计的思维、想象、创新能力的基本技能。其中立体构成应结合服装设计的特殊性，应在人台上进行造型练习，培养学生的服装三维概念。平面构成与图案教学是通过图形纹样，掌握形式美的法则，创造美的图形能力。

时装画技法、服装效果图及设计草图的训练是更加专业地以绘图形式来表达服装设计的原创性构想。通过训练能有效地掌握设计效果图的表达方法、人物比例及各种表现技巧。要注意，设计是由无数灵感闪烁的结果，要培养设计师经常地画草图、画款式图、画小稿、记录灵感的火花。

设计师更应掌握应有的艺术及设计的理论知识，如艺术史论、美学、中外服装史、艺术概论，甚至包括非本专业领域的其他艺术或设计内容，如雕塑、建筑、音乐、舞蹈、文学等。各门艺术的基本原理、规律是相通的，可以互相启发借鉴。只有触类旁通、扩大视野、借鉴其他艺术，方能在广阔的设计天地里驰骋。

总之，服装设计师具备了良好的艺术素质，在过渡到专业设计的过程中，将会有良好的表现。国际上不少服装设计师是美术专业出身，国内不少设计师也是在学习美术、工艺美术或热爱绘画中而成长起来的，这不能不说明服装设计与艺术有着不可分割的紧密关系。艺术素质的培养除了课堂训练之外，更多在于个人的修炼，即对艺术形式美的悟性，美的特质有时是不能言传，只可意会的。那么作为优秀服装设计师也应在艺术素养上磨炼自己。

（三）创新胆识加才干

创新不是孤立的生产行为，不只局限于从工厂生产向消费者推出新品这种单向的活动，而是生产与消费的互动过程，是一个承认新的需求、确定新的解决方式、发展一个在经济上可行的工业产品和服务，并最后在市场上获得成功的完整过程。随着经济的发展，市场细分是必然趋势，那些不满足于大众产品的消费群体正在发展壮大。他们需要个性消费，需要拥有显现人类智慧的设计产品。服装必须适应消费者个性化、时尚化的需要。个性化多在于创新，这是当代服装品牌争夺最终客户的焦点所在。客户不再满足于大规模制造出来的大同小异的大众服装，而是追求通过服装实现个性表达。因此，培养大量具有创新能力的设计师就成了设计教育的目标。

要成为一流的设计师，必须依靠三个方面的有机结合：个人的观点、对市场的感知、设计基本功。其中，个人的观点就是设计师独特的风格。设计师的成败在于创意，如果设计师的作品中没有自己的东西，没有自己的文化特征，就很难占领市场。服装教育应该向学生传递的是时装设计的核心理念——创新，引导学生发散性思维，形成自己的主张和风格。学生不是学习当前流行什么，而是创造将来的流行趋势。

二、科学技术素质

仅有艺术素质尚不可能成为优秀的设计师。一般学科教育都是向纵深发展，唯有工业与环境设计教育是横向交叉发展的，服装设计亦然。

工业革命以来，尤其是信息化时代的到来，自然科学和社会学知识技能在设计师的才能修养中占据日益重要的位置，因此服装设计师不应仅仅会设计表达，服装结构与裁剪、缝制工艺也是服装设计师必须掌握的基本技能。除此之外，要成为一名优秀的服装设计师，还需要掌握许多其他学科知识。服装材料学、人机工程学、市场营销学、消费心理学、传播学、生态学等无不有助于设计师知识结构的完善。

（一）科技知识与素养

科学技术是人类的创造，人类在科学技术的创造过程中，总是离不开人的生活本身。所以，人类要享受这一巨大资源，需要设计师作为中介，需要设计出来的产品作为载体。设计师的作用正是将科学技术的成果变为产品、商品，转化为社会财富。服装设计的产品也同样是科学技术的物化载体，也是科学技术商品化的载体。服装行业是一个科技含量高、技术更新快的行业，设计师不仅需要熟悉工业的先进科技和掌握现代的科学资源，还要能够使用高性能面料设计出功能性服装。同时，服装生产过程中的科技含量，尤其是绿色科技的含量也直接影响到净增长的国民生产总值的高低。

（二）掌握服装生产技术

1650 年开始的蒸汽技术时代，首先使英国成为动力机械纺织业的中心；1807 年开始的电气化时代，使整个欧洲成为电力纺织工业的中心；1922 年开始了高分子材料的时代，于是美国、欧洲、日本很快成为合成材料纺织服装业的发展中心；20 世纪中叶人类进入现代高技术时代，欧洲、北美、日本等国家成为高科技纺织服装业中心、消费时尚中心、世界贸易中心，发挥着产业高端的作用。同时产业链的低端生产正在为广大发展中国家带来新的机遇。

现代服装设计实际是设计者针对人的穿着需要进行的实用与审美的造物行为，是材料、技术与艺术的融合体现，并被作为一个完整的系统工程来操作进行。服装设计是一门应用性非常强的学科，作为工业设计门类之一的现代服装设计，其作用绝不仅限于令服装的色彩款式赏心悦目，服装设计师必须针对不同类型消费者的年龄性别、肤色发色、身材体型、功能用途、审美要求来设计相应的批量化成衣的规格尺寸、式样结构、面料特性、工艺流程或特点。现代服装生产的实现，在很大程度上凭借的是先进流水线技术的支持，因此设计师在设计的过程中，必须要充分了解怎样进行有效的规模化生产以及如何最大限度地节省原材料和提高利润率。设计也因此而成为服装产业发展必不可少的生产力要素。

我国服装设计教育是在 20 世纪 80 年代初拉开序幕的，对服装教育只是一个摸索尝试阶段。与西方、日本等国家的服装教育相比，我国目前的服装院校过于偏重美术基础的训练和单纯技法的提高，远落后于目前服装产业发展的需要。因此，培养符合市场需要的高级专业人才就成为当今社会的燃眉之急。社会对服装设计师的艺术品位依然有需求，但更希望设计师同时能够拥有统筹商业和产业领域的能力，并了解如何将设计转化为产品和市场。因此，在服装教学中，应与行业紧密联系，多注重实践，摆脱闭门造车，如此才能为服装企业输送完备合格的人才。

此外，人类的经济活动在为社会创造财富的同时，又无休止地向生态环境索取资源，并排放废弃物使环境日益恶化。从现行 GDP（目前世界上通行的国民经济核算体系）中扣除环境资源成本和对环境资源的保护服务费用，其结果就是“绿色 GDP”，它代表了国民经济增长净值。绿色 GDP 在 GDP 中占的比重越高，国民经济增长的净值就越大。

服装行业在国民经济中占有重要地位，传统服装在生产过程中用到的化学物质对环境造成危害，使绿色 GDP 在 GDP 中的比重降低。因此，绿色服装的生产是服装行业的重点问题。

绿色服装包括三个方面内容：第一，生产生态学，即在生产的过程中不会产生污染物质；第二，用户生态学，即在穿着过程中不会给使用者带来毒害；第三，处理生态学，即服装使用后的处理不会给环境造成负担。

专家们已利用转基因技术培育了无污染的彩色动植物纤维，防皱整理正在向无甲醛过渡；改进生产工艺制成无污染的再生纤维素新品，在面料生产过程中避免向环境排放污染物，在纺丝生产中使用可以完全回收利用的溶剂，使用无害健康的化学剂、色素，实现自然资源与技术的良性循环等。

20 世纪 90 年代，欧盟国家纷纷立法，对本国生产及进入本国市场的纺织品、服装实行环保认证，绿色环保概念的服装在欧洲各国已蔚然成风。

（三）了解服装营销技巧

现代设计是为现代人、现代经济、现代市场和现代社会提供服务的一种积极的活动，现代设计是现代经济和现代市场活动的组成部分。设计教育从一开始就是根据市场的需求而设立的，也不断随着市场的变化而改变。任何产品设计的最终实现都是消费者的认可，它是通过市场销售而达成的，市场销售是检验设计的试金石。

设计也是市场营销的一个重要组成部分，从计划生产开始，通过数量控制、价格拟订、包装、促销（广告、人员、销售等），利用各种批发和零售的销售渠道和方式，最后把商品送到顾客手中，设计在这个市场营销的程序中起到一个关键环节的作用。

现今，不同性别、年龄、职业、民族、国家的消费群体以及服装消费的层次越来越细化，消费者的个性化消费倾向更加凸显，服装的细分也越来越明显。设计师需要了解市场定位、营销策略、消费心理等经济学知识，根据市场和消费者的变化以及不同消费群体、不同消费层次的需求变化，找到有的放矢的市场定位，前瞻性地进行设计，调整企业的服装生产数量、花色品种、款式，使设计真正做到能够创造效益，成为利润的源泉。

三、社会道德素质

设计不是设计师的个人行为，作为产品投放市场也是社会行为，是为社会服务的。设计不单是一种谋利的手段，要树立正确的职业道德，不能见利忘义。设计作品的社会功用在于传递人类健康、和平、向上的信息。

（一）建立崇高的道德理想

在现代社会中，人类之间的互相交流大致通过两个方面的方式进行。一个是人与人之间的行为进行的交流，如语言、文字、手势等；另外一个则是人与人通过物的方式进行的交流。第二个方面是大量的、普遍的。各种标识、广告、图解以及各种通用化的产品设计和包装设计，除了一般的功能性以外，也包含了普遍的交流性。现代设计不仅提供人类以良好的人际关系，提供舒适、安全、美观的工作环境和生活环境以及方便的工具，同时也是促进人类在现代社会中能够方便自然交流的重要手段。因此，现代设计师不仅要对设计的产品负责，同时也要对社会负责，在设计时应该考虑社会反映、社会效果，力求设计作品对社会有益，以促进人与人之间的交流沟通为己任，以设计提高人们的审美能力，给人心理上的愉悦和满足。设计师应以严谨的治学态度对待设计，反映当代的特征，表达积极的审美情趣和审美理想，而不是为个性而个性、为设计而设计。

服装设计是一种职业，设计师职业造诣的高低和设计师人格的完善有很大的关系，往往决定一个设计师设计水平的就是其人格的完善程度，程度越高其理解能力、协调能力、处事能力等也就越强，可以使其在设计工作中越过一道又一道障碍，所以设计师必须注重个人的修养。

（二）培养正当的职业道德

服装设计师必须了解与服装行业相关的法律法规，如专利法、商标法、广告法、环境保护法及标准化规定。

在现代服装历史上，设计师的作用已被行业公认。行业媒体还喊出了“设计师是企业的灵魂”的口号，这是对设计师给予的最大的认可。但是，真正想要成为企业的灵魂，设计师除了以上所提到的基本素质以外，还须培养社会活动能力、业务谈判能力、项目实施的组织能力等。诚然，设计师不可能门门精通，但对各方面有所涉猎，有助于处理问题的综合能力、系统能力及应变能力的提高。例如，组织协作是服装设计师的重要社会能力，设计师应该与打版师、样衣工、销售员、营业员和谐合作，成功的服装设计师首先应该是成功的合作者。

时尚变幻迅速、流动甚快，服装设计师要始终站在潮头，就需要不断追逐日新月异的信息与科技。设计师的提高与持续发展有赖于不断学习、学习再学习，学无止境。服装设计师要善于学中用、用中学，要保持对新事物的热情，在不断的创作创新中充实自己。

从最广泛的意义上说，人类所有的生物性和社会性的原创活动都可以称为设计，故广义上的设计始祖，可追溯到第一个制作石器的人，即“制造工具的人”。劳动创造了人，创造了设计，也创造了设计师。实践是设计活动的基础，现代的服装设计师固然有许许多多的书本知识需要学习，但设计师动手实践也是非常重要的。服装设计学是一门应用性、实用性很强的学科，要培养动手能力，开拓创新思维，努力把自己塑造成优秀的服装设计师。

第二节　设计师创新能力的培养

设计，最重要的是打破常规的创造性内容。人类文明越是发达，创造力越显重要。今天，人们生活中许多司空见惯，又不可缺少的物品（如电灯、电话、飞机等），在发明构想初始阶段都被称为“疯狂”。而今天许多看起来非理性的奇思妙想也很可能就在未来得以实现而造福于人类。服装发展至今出现的宇航员的航天服、游泳运动的鲨鱼服等也是过去无法想象的。

一、设计教育的目的是培养创造力

尽管现在我们的专业教育十分强调和重视行业实际，但同样不能忽视艺术修养和创造性思维的培养。尤其是科学技术如此迅猛发展的今天，有两句话对我们的启发非常大：“没有做不到的，只有想不到的。”“千万双灵巧的手抵不上一个开放的头脑。”

工业革命后，人类生活用品的生产方式逐渐发展为由机器进行批量化生产，从而派生出一个新的领域，即设计领域。在这之后，轰轰的马达声宣布了工业设计的诞生，从事工业设计的人被称为设计师。

进入20世纪后，世界各国的服装设计师更是出色地满足了不同时期人们的审美需求，使服装的功能发挥到物尽其用。作为一种行业，服装可以满足众多人员的就业需要；作为一种商品，服装可以创造惊人的利润价值；作为一种实用物品，服装可以助人“上天入海”，甚至传达人的好恶喜怒；作为一种文化艺术品，服装更是拓宽了审美视野，使之成为现代文明中人们不可或缺的精神食粮。

法国、美国、意大利、日本等经济发达国家，都建立了近代服装博物馆，陈列展示了近代史上各个时期的服装艺术，法国文化部早已确定了时装艺术的地位，将其称为继电影之后的“第八艺术”。近年来在国际时装界当红的极简主义大师赫尔穆特·朗，以及不到35岁即出任路易·威登艺术总监的马克·雅可布都是由正统的艺术家转变而来的服装设计师。

20世纪80年代初的中国服装行业处在发展的起步阶段，既缺乏硬件也缺少软件。首先是完全不具备发展现代服装工业的环境条件，其次也缺乏管理、设计、商贸等人才；但客观因素使我们又不得已要从发达国家手中接过服装这一“夕阳工业”的接力棒。自1983年上海丝绸公司流行色研讨会上第一次组织了时装表演后，中国的服装教育从无到有，服装设计师也在迅速成长。中国现代服装艺术的真正萌芽，正是伴随服装教育和服装设计师群体的日趋成熟而发展的。在商品经济和文化思潮的潮起潮落之中，中国的土地上出现了一批为中国现代服装艺术奋斗的设计人。

服装设计教学的难点，在于服装设计是一种思维创意活动，但人的思维具有内在性和隐蔽性，看不见，摸不着，并不是仅仅依靠传授知识、教会技能就能学会的。但知识和技能对于服装设计教学是必须的，也是必要的，它们是设计创作的前提和基础。然而，教学要想进入更高的层次，还在于对学生设计思维和创造能力的开发和引导。教条、缺乏创造性思维的教育是不行的。因此，在教育教学中，必须重视和树立培养学生的创造性思维。所以，在服装设计的教学中，鼓励学生的创造力是十分必要的，培养学生的创造力是设计思维教学的重要内容。虽然最终的产品是要通过市场来评定，但在学习过程中应该具有大胆的创造。像“兄弟杯”国际青年服装设计师作品大赛等赛事，激发了许多选手的创造性，这些创造展现了选手的创意。事实证明，很多优秀选手在比赛以后的产品创作中，也能做到收放自如。

例如，创始于1983年的法国巴黎国际青年服装设计师作品大赛（通常简称“巴黎大赛”）已经成功地举办了几十届。经过多年的发展，该项赛事逐渐地成为国际上最富影响力的创意性服装设计大赛。它奖励以独特的个性与创新精神将服装设计发挥得最出色的青年服装设计师。巴黎大赛只允许以单件作品参赛，这与以系列作品表达设计主题的其他比赛有所不同。设计师必须把一系列服装中要表现的内容压缩在一套服装中，并表现清晰，既不能繁杂琐碎，也不能呆板单调。各国的年轻设计师需要围绕每一届不同的主题演绎自己对命题的独特理解，以此展开丰富而深入的观念性设计。

二、设计思维与知识积累

服装设计必须依靠各种技术的运用，最终实现产品的完成（如绘画技术，裁剪打版、缝制熨烫等工艺技术，另外还有营销手段等），但其灵魂是设计思想，是人的创造性的发挥。服装设计就是不断地推陈出新，尽管服装的基本形式因人的体型不变而大致如此，可是，在设计师的创造之下，服装的款式、色彩及材料一年四季都在变换。这些层出不穷的服装就是设计师精心培育的智慧之花。人类在服装这一物体上汇集了物质与精神的劳动，几千年来创造了辉煌的成果。创造性思维的培养和鼓励是重要的，尤其是对于我国的学生。

创造性思维的开拓并非猎奇和哗众取宠，造成一时的轰动效应。它需要经过几个方面的共同努力。服装设计是一门综合性很强的复合型学科，涉及政治、语言、自然、美学、心理学、人体工程学、市场学、美术史、服装史等多方面的知识。这些知识与设计者的作品内涵一脉相承，反映着设计师的眼界高低和文化修养的层次。教师的职责就是启发和引导，使每个学生将自己生活中最独特的感受和体验激发出来，同时拓展知识面，深入文化层，对边缘学科、姊妹艺术都要能够兼收并蓄、融会贯通。在世界一流的服装设计师行列中，不少人曾是舞蹈专业出身。古今中外的优秀服饰也是一座用之不竭的宝库，从中可以汲取无尽的营养。另外，身边日常的事物（如马路上的人群、影视中的景物等）也可以启发设计的灵感。此外，阅读优秀的文学作品也能间接地帮助我们取得生活经验，培养高尚的道德情操和对美的热爱，如我们能从知名作家的作品中读到文学的艺术，从发黄的照片里读到穿着的艺术。

具体说来，构筑服装设计思维的知识积累包括以下六个方面的内容。

（一）学习服装史及设计理论

服装设计的构思阶段是在头脑中进行服装形式的选择。设计是一种创造，但不是发明，设计必须借鉴前人。服装设计更是如此，因为服装的变迁过程是连续的、不间断的，每一种服装都处于人类服装文化史的变迁中，是承前启后的。要借鉴前人，就必须虚心地学习和研究前人的成就和经验。就服装设计来讲，必须学习的是服装史及设计理论，因为要想在设计中准确地把握现在的流行趋势，就必须了解服装过去的变迁过程，了解具有普遍性的设计理论对服装设计发展的指导意义。

设计构思的形成就是对构成设计的各种因素进行综合比较和挑选，找出对设计构思有利的因素，确定设计的切入点，从而制订出初步设计方案。服装设计是满足效果的工作，效果体现了对设计因素的综合判断和运用。设计构思的目的也正是创造新的设计思维点，而创造的目的是满足人们的需要。创造的过程是对现有造型做出新的视觉认识的过程。设计创新不是简单的模仿，而是在总结前人成功经验的基础上的升华，服装的流行也是对过去某个时期衣着服饰的重新理解和认识。如喇叭裤的再度流行与20世纪70年代的喇叭裤相比，因时代赋予了它新的文化内涵而被人们所接受。

例如，“汉帛奖”中国国际青年设计师时装作品大赛，是国内举办的最具影响力的国际性服装设计大赛，系国内唯一国际性的创意服装设计大赛，是由中国服装设计师协会和汉帛国际集团共同主办，每年3月中国国际时装周在北京举办，也是中外媒体、中外时尚业、服装教育业极为关注的焦点。

“汉帛奖”的前身是创办于1993年的“兄弟杯”中国国际青年设计师时装作品大赛，2001年由汉帛集团冠名，改称“汉帛奖”。“汉帛奖”为我国乃至世界时尚业界选拔、培养了一大批设计新秀，为我国服装设计创新、设计队伍建设、服装产业的发展、时尚文化建设、设计教育事业的发展和设计人才培养质量的提高，做出了巨大贡献。作为国际大赛，“汉帛奖”一方面加强了各国之间的文化交流，让世界了解发展中的中国，特别是增进了各国的年轻选手对中国的感情：另一方面，中国的文化和中国的设计创新力量得到彰显，扩大了中国的国际影响力。

（二）了解服装流行趋势及其他信息

服装设计更多的是对流行时尚的全面关注，流行时尚的产生又有它深厚的文化背景，如今的图书杂志、电视通信、网络技术使我们在第一时间就能得到最新的流行信息。对流行信息进行分析和组织，找出构成该时期流行的因素，并做出相应的反应，就能产生新的事物和设计。面对面料、色彩等流行信息，不同的设计定位有不同的选择条件和组织方式，所展现的整体效果也有好坏，这体现了设计者对全局的把握能力和对信息的综合组织能力。信息的导入与组织，大致可归纳为直接信息、间接信息和其他信息三个方面。

（1）直接信息就是来自现代传播手段和宣传媒介所展示的服装图片、服装表演、面料式样、流行色彩等视觉印象的直观感受。这类信息为最初的设计提供了款型依据、色彩组合、面料系列，也为设计主题的确定奠定了基本框架。在此基础上，设计者对这类信息中价值的部分加以分析和借鉴，重新塑造一种设计元素，组成新的和谐秩序。

（2）间接信息来自人们对生活时尚的关注与敏锐的观察以及对多个时期流行服饰的分析，结合当前人们消费心理和生活装束，进行详细的市场调研而得到反馈信息，并由此对未来发展方向做出预测和判断。

（3）其他信息来自对民族服饰内涵的体验以及对相关艺术如绘画、音乐、建筑、雕塑等方面的感悟所产生的设计灵感。由此产生的信息在许多服装大师的作品中成功演绎。这类设计强调的是文化底蕴和民族内涵。

（三）表现设计效果图的能力

设计效果图也称时装画。它强调把构思的服装款式，通过艺术的适当夸张，呈现出平面的着装效果、款式特点、标准色彩、面料组合以及基本的材料质感，使我们能直观地感受设计。同时，它也对夸张的部位、上下之间的比例、局部与整体的省略与表现都有一定的要求，以便使最后的着装效果符合最初的构思表现。

1. 准确的表达

款型结构是在设计效果图的基础上对构成服装款式结构的具体表现，也是板型完善的依据、工艺实施的保证。它包括款型正背面结构、省位变化、开刀部位、纽扣的排列关系、袋口位置等详细图解。款型结构的表现准确性是设计具体实施的重要依据，也是设计表现的重要组成部分。

2. 完整的表达

与整体着装相关的服饰配件表现是服装整体的组成部分之一。它包括帽、领带、皮带、包、围巾、首饰等方面的配套设计以及相关的结构细节、材料使用、加工手段的具体说明。由于效果图对款型细节和局部不能详尽表达，如服装的里衬、内袋商标位置等。因此，在设计上若有局部、装饰效果等特殊需求时，就需要对这类设计做大样表现，并附详细说明（如款式上有电脑绣花、局部镶拼、丝网印花等）。设计只有做到准确表现，才能使构思效果得到完整体现。设计师应该在此基础上，制定相应的工艺流程和技术规范，使设计得以具体体现。

（四）了解服装制版及裁剪技术

设计是一种造物的过程，有了好的构思后，接着就是如何来完成和实现这个构思，把设计构思画在纸上，那仅仅是设计的开始。服装设计效果图是设计构思的视觉表达手段之一，而这个设计构思能否实现，还要通过一定技巧的裁剪、制作工艺来探索其实现的可能性。因此，作为设计师，如果对服装裁剪方法和制作技术等实际操作技能一无所知的话，其构思肯定是不着边际的。经常看到许多设计效果图画得很好，但实际上不可能做出来，或者即使勉强做出来也无法穿用。可见，掌握裁剪、制作的基本技能对于设计师十分重要。事实上，许多设计的技巧、设计的变化不在纸面上，而在实际制版、裁剪和缝制的过程中。所谓的服装上的线条和造型，也绝不是纸面上的线和形，而是立体上的、三维空间中的线和形，这种感觉只有在三维空间的实际训练中才能体现。

（五）对服装材料学知识的掌握

设计构想需要相应的材料作具体的表现，千变万化的服装是由各种不同性质的服装材料组合而成的。服装材料的推陈出新，创造了丰富多彩、功能各异的服装款型。服装材料指的是构成服装整体的全部材料。按服装组成的结构层次，可分为面料、里料和辅料三大种类；从质地上分有天然纤维、化学纤维两大类。服装材料的种类不同，表现出来的材质性能、视觉效果、使用功能也不同。因此，我们有必要对材料的性能特点做基本的了解和认识，根据材料的性质着手设计符合材料的款式，充分表现材料本身所具有的美感。

服装材料有粗细、轻重之别，不同的材料有不同的表现手法和视觉效果。在设计中，使用轻薄的材料不一定能造成轻快之感，相反，使用厚重的材料，经过技术加工也能达到轻快的目的，这在于对材料的使用和组合上的判断。因此，对材料本身的状态和加工完成后的效果应有清醒的认识，巧妙地利用材料自身的特性，能为设计增添新的风格。材料的特性，一般指材料的特征和性能两个方面。特征主要指能直观感受到的材料肌理、轻重等方面。性能主要指纤维含量、伸缩率、保暖透气性能以及后处理等方面。这些特性，可以以目测、触摸等方式进行判断并加以表现，使材料特性得以丰富展现，为设计服务。除此之外，依据材料而产生的形状和颜色也是我们需要考虑的重要因素。特别是色彩，它是视觉能直观感受到而用手无法分辨的，它对材料的使用起着重要的作用，它直接关系到人们对服装的第一印象，由色彩产生的花纹和花样，更能反映材料的外在效果。

（六）对综合性人文主题的关注

服装设计思维的形成还来源于设计师对社会热点问题的敏感程度，如人们对生态环境的关注、对生活质量的关注等。这些设计主题概念的确定和推出，是我们认识设计、组织设计、完善设计的主要来源，由此产生的设计主题明确、产品指向性强，具有自身特点，并且设计思路清晰，有着继续延伸的发展空间。主题概念的推出并非为了主题而主题，而是对设计思维的全面理解，为设计创新找到理论依据和新的思维源泉。设计应善于关注人们关心的热点话题，敏锐地感受社会发展的动向。主题概念的推出，可以从年代主题、地域主题、季节主题、文化主题等方面进行思考。

年代主题就是针对历史上某个时期衣着服饰流行的时代背景，结合现代审美，进行有效的提炼和升华，引发人们对那个时代的关注与回忆，满足现代人来自多方面的精神需求。如20世纪60年代的西部牛仔装，直到今天仍受人们喜爱，但它已不再停留于耐磨的粗棉布上，而是赋予了它新的时代内涵和科技含量。如今的牛仔系列已发展到衬衣、风衣、防寒服、短裤、背包，甚至女装的裤、裙以及中老年装、童装系列。面料的深加工和后处理，既保留了服装原有的特色，又考虑了现代人的审美需求和穿着的舒适感。20世纪70年代的乡村音乐和乡村服饰带来的乡村休闲新概念，表现在服装上是一种朴实无华的设计理念。在20世纪末，为迎接新千年的到来，各服装品牌推出跨世纪概念装，以世纪末人们的怀旧情结为热点主题，如对老照片的喜爱与回顾、服装流行趋势推出的“30年代怀旧风情”等，都曾掀起人们关注的热潮，满足了现代人回忆过去和展望未来的心理。

地域主题指在人们印象中较有影响和较有特色的带有浓厚的地域色彩和风土人情，带给人们在设计上的联想，从而推出的设计主题。如美国夏威夷以它特有的历史背景而成为当今海滩旅游胜地，由此产生的“夏威夷衬衫”，以它特有的花形和休闲的样式，带动了男士衬衫一个时期的潮流。20世纪初的“东方情结”带来了具有中式特点的男士立领衬衫和中式便装，改变了男士衬衫以白色为主的着装模式，色彩更加丰富。

季节主题对于设计师来说是一个非常重要的时间概念。对所处地区的季节周期、温差变化等方面的掌握，有利于对产品做出有针对性的调整，在季节的各个黄金期做文章。以防寒服、羊毛衫、保暖内衣为主的冬季服装推出的“来自冬天的温暖”，改变了男士冬季着装的臃肿，更体现一份潇洒和自信，同时也带动了男士外套的消费。季节主题应根据各地区的季节特点和周期，思考季节的销售旺季，突出设计创意，营造新的市场机遇。

文化主题主要来自对文学作品、哲学观念、审美取向、传统文化、现代思潮以及社会发展的广泛关注和领悟。社会的发展给人类在物质和精神方面带来了新的追求和挑战。由网络时代带来的信息革命、由科技发展带来的新型合成面料，使设计更富于想象空间。从20世纪60年代“嬉皮士”运动的反传统到崇尚个人主义和绅士风度的“雅皮士”，从全民健身和“生命在于运动”的倡导到运动休闲装的流行以及当今的新古典主义和所谓的“文化衫”的风靡，无不体现出由文化主题引发的流行时尚。

三、设计的社会性与创造力

设计师的职业化首先是在设计成为一种专业或专门的行业之后才出现的。1919年，美国人西奈尔开设了自己的职业设计事务所，并首次使用了“工业设计”一词，从此这一行业从社会各行各业中被有意识地分离出来。有了独立运作的行业，自然就有了独立承担设计职能的职业化设计师。

当时从事“工业设计”的职业设计师大致有两种类型：一类是驻厂设计师，他们受雇于企业、工厂，在这些企业的设计室或机构从事专门的设计职业。另一类是所谓的“自由设计师”，他们成立设计公司或设计事务所，接受企业的委托从事各种设计工作。

职业设计师的出现，实际上标志着设计的发展进入了一个职业化、专门化的新阶段，美国如此，欧洲国家也是如此。例如，德国是现代设计的发源地之一，职业设计师在20世纪二三十年代的设计中发挥了重要作用。在现代设计史上，许多设计师出身于建筑界，在从事建筑设计的同时，涉及产品设计的诸多领域而且深具影响，如美国建筑师沙里夫、罗夫·雷普森，芬兰建筑设计大师阿尔托等。

从本质上说，设计是一种社会性工作，而设计师则是为社会、为大众提供设计服务的一种职业。只有纯艺术家才有权利标榜自己的艺术是“为个人表现的艺术”，但是设计师没有这样的权利和可能性，因为设计是为社会、为大众服务的，与纯艺术作品相比，设计作品具有明显的社会性特征。设计师必须具有合作的意识和观念，并将其作为职业素质的内在品质之一，自觉地在设计的全过程中体现出来。当代设计的发展状况是设计越来越呈现多学科交叉、多专业协同发展的趋势，在这种情况下，设计师的工作其实只是整个设计体系的一部分。设计的社会性已经成为设计成功的一个重要因素，也应成为设计师自身优良素质的一个重要方面。设计师这个职业，其本质内涵就决定了设计师必须具备社会意识和社会责任。

设计师的社会意识并不仅仅是当代的要求，更应该说是从设计师的职业化开始时就本质性地具备了这一重要特征。从现代设计发展史来看，早在19世纪的工艺美术运动时期的威廉·莫里斯就以"为大众而设计"作为自己的职责，他认为真正的艺术必须是"为人民所创造的，又为人民服务的，对于创造者和使用者来说是一种乐趣"。设计更应是如此。威廉·莫里斯说："我不愿意艺术只为少数人效劳，仅仅为了少数人的教育和自由。"莫里斯倡导艺术家与工匠结合、艺术与设计结合，在实用艺术领域用设计的方式为广大民众服务。正是基于艺术为人民服务的这种思想，现代设计史上第一个具有里程碑意义的现代设计运动——工艺美术运动在威廉·莫里斯的倡导下开始了。从此，设计以大众为主要的服务对象，而为社会服务也就成为设计师最基本的社会意识。到了为现代设计的发展做出巨大贡献的包豪斯时期，设计大师从一开始就树立了为大众而设计的设计理念和信仰，这些设计理念是设计大师意识到了作为设计师的社会职责和义务。例如，包豪斯的创办人和精神领袖格罗皮乌斯，他倡导设计成为"全民的事业"。在20世纪现代设计发展史上，欧美优良设计的品评标准同样也是以为大众而设计作为设计的基本准则。以设计模压胶合板家具而闻名的美国设计师查尔斯·艾姆斯提出的设计口号是：以最多最优秀的给予人民，而只索取最小的。

然而，设计的社会性特征并不排斥设计的创造性特点，现代设计运动中的设计大师的作品既是为大众、为社会而设计，又是一种创造性的、前所未有的设计。其实，设计就是一种创造性工作，设计即是创造，设计师也就是创造者。创造，就是赋予事物一种新的存在形式和方式，是人类生活的本质特征之一，是人类理想的一种追求。随着人类文明的发展，它已经成为人类的一种新的生活形式，生活即创造。创造是设计师的本职，设计师是天生的创造者，是永无止境的创造者。

创造，按照不同的事物和需要而处于不同的层面上，既有原创又有非原创，既包括创造过程又包括创造成果，不管哪一层面，都需要创造者付出创造性的劳动。每个人都具有创造的能力。创造力作为人的特权，是运用早已存在的可以利用的材料，用无法预料的方式去加以改变。对人类所普遍具备的这种创造力而言，它实际上是与人的智力因素、动机因素、个性因素相关。智力因素包括个人的记忆、认识评价能力和思维的整合以及发散过程等；动机因素包括驱动力、献身事业的精神、智慧、对规律和理想的追求等；个性因素包括独立性、自信、个性、个人气质、爱好等多方面。这些方面，既有个人的天生素质又有环境的因素。就个人本身的素质而言，有许多人类所共有的东西，每一个正常人，从更大程度上看是有创造力的人所具有的特点之一，就是能够在心灵中同时表现出个体（特殊）和类型（一般）。共同的东西就是类型的、一般的、共性的东西。

在人的行为中，创造力是与自发性、独创性等特性联系在一起的，有的甚至与人的自然生理联系在一起。人的自发性和独创性是通过意象、情感和观念的流露来体现的。在这里，自发性意味着一个人的心灵所具有的一系列直觉的可能性，它取决于这个人的内在品质以及过去与当前的经验。自发性以及自发的变异性与人的生理机制密切相关。独创性也与人的生物机制相联系且具有一种必然性。在人生的初期阶段，人是在社会化的过程中逐渐丧失原始的、非派生的独创性。独创性并非为少数人所有，而是人所共有的一种能力。创造力作为人所共有的一种能力，不是靠遗传的天赋，也不完全依赖于环境或教育，它是每一个人具有的需要自我开发的一种潜能。

西方创造力研究学者弗兰克·巴伦提出过创造者的12项基本特征。(1) 善于观察；(2) 仅仅表达部分真理；(3) 除了看到别人看到的事物，还看到了别人没有看到的事物；(4) 具有独立的认识能力，并对此给予高度的评价；(5) 受自身才能和自身评价的激励；(6) 能够很快地把握许多思想，并且对更多的思想加以比较，从而形成更丰富的综合性理念；(7) 从体格上来看，他们具有更多的内驱力，更敏感；(8) 有更为复杂的生活，能看到更复杂的普遍性；(9) 能够意识到无意识的动机与幻想；(10) 有更强的自我，从而能使他们回归、倒退，也能够使他们恢复正常；(11) 能在一定时间内使主客观的差别消失掉；(12) 创造者的肌体处于最大限度的客观自由状态，其创造力就是这种客观自由的功能。

设计的过程是创造力发挥、施展的过程，良好的创造力是设计师自我发展与成长的保证，也是设计师的终身追求。创造力不是天赋的，而是努力的结果，设计师与一般人不同的是，他所从事的设计工作几乎完全是建立在这种创造能力基础上的，因此，要有意识地培养自己的这种创造力。有创造力的人归属于自我实现的人，“自我实现”实际上是一种有意识的追求。创造力与智力虽然有一定关联，但创造力的大小不完全取决于个人的智力，还取决于个人的努力。培养自身的创造力对于设计师而言是十分重要的，这是设计师素质中最重要的部分，培养创造力要从培养自己对于事物良好的感受能力开始，有了敏锐的和良好的感受能力，还需要有专心致志的精神态度。这是创造力养成的基础和先决条件。

就具体的设计而言，设计师创造优良的、符合社会和大众需要的产品，这是设计师的职责所在。优秀的设计是真、善、美统一的设计。真、善、美作为一种共性的要求，每一时代都有不同的体现和内涵。真，在设计上表现为设计功能、结构的合理性和目的性，它真实地体现着设计的根本目的，它可以体现为对材料的合理使用，经济、节约、最大限度地利用材料和发挥材料本身的功能。善，是优良的同义词，优良设计可以说是善的设计，但每一时代对优良设计都有相应的标准和原则。对于设计而言，真和善都是一种美。真、善相通，即真和善都是美的一种存在形态，在这一意义上，真和善本身就是一种美。

在服装设计中，设计的社会性与创造力之间存在紧密的关系，服装设计的创造力必须为社会所认可，服装设计必须同时兼顾设计的社会性与创造性。服装设计是现代设计的一个门类，而现代设计的真正本质含义就是创造性地设计符合社会与大众需要的设计作品。在现代设计运动中，设计的社会性与创造性是天然契合在一起的，背离设计的创造性与社会性的设计教育，必然背离现代设计的本质意义。正如著名的时装设计师克里斯汀·拉克鲁瓦曾经说过的："时装设计的最高境界在于如何使艺术实用化，使概念具体化。人人都会用珍珠、貂皮点缀连衣裙，但设计一件外表朴素自然、合身又不影响行动的连衣裙却是考验大师的难题。因为既要让公众接受，又要体现鲜明的个性，还要融合科学原理，再加上设计师的构思、才能和细节展示，谁能把这一切以最简单的形式完成，谁才是真正的设计师。"

参考文献

[1] 杨永庆，杨丽娜．服装设计［M］．北京：中国轻工业出版社，2019.

[2] 许岩桂，周开颜，王晖．服装设计［M］．北京：中国纺织出版社，2018.

[3] 吴启华，廖雪梅，孙有霞．服装设计［M］．上海：东华大学出版社，2013.

[4] 李爱英，夏伶俐，葛宝如．服装设计与版型研究［M］．北京：中国纺织出版社，2019.

[5] 陈海霞．服装设计基础［M］．北京：中国纺织出版社，2018.

[6] 张轶．现代服装设计方法与创意多维研究［M］．北京：新华出版社，2021.

[7] 王荣，董怀光．服装设计表现技法［M］．北京：中国纺织出版社，2020.

[8] 杨晓艳．服装设计与创意［M］．成都：电子科技大学出版社，2017.

[9] 陈静．服装设计基础：点线面与形式语言［M］．北京：中国纺织出版社，2019.

[10] 黄嘉，向书沁，欧阳宇辰．服装设计：创意设计与表现［M］．北京：中国纺织出版社，2020.

[11] 许可，邢小刚．服装设计方法［M］．南京：东南大学出版社，2019.

[12] 何婵．现代服装设计研究［M］．长春：吉林摄影出版社，2018.

[13] 王晓威．顶级品牌服装设计解读［M］．上海：东华大学出版社，2019.

[14] 袁大鹏．服装创新设计［M］．北京：中国纺织出版社，2019.

[15] 刘兴邦．服装设计表现［M］．长沙：湖南大学出版社，2017.

[16] 赵亚杰．服装色彩与图案设计：2 版［M］．北京：中国纺织出

版社，2020.

［17］施捷．服装成衣设计［M］．北京：中国纺织出版社，2018.

［18］李楠，管严．服装款式图设计表达［M］．北京：中国纺织出版社，2019.

［19］余强．服装设计概论［M］．北京：中国纺织出版社，2016.

［20］卢博佳．传承与创作：传统服饰文化对现代服装设计的影响［M］．昆明：云南美术出版社，2020.

［21］傅婷．服饰品设计［M］．上海：东华大学出版社，2019.

［22］祖秀霞，徐曼曼．服饰品设计与制作［M］．北京：北京理工大学出版社，2019.

［23］尤伶俐，戴炤觉．服饰品设计艺术与创意实践［M］．长春：吉林美术出版社，2021.

［24］王磊．现代服饰品设计［M］．合肥：合肥工业大学出版社，2016.

［25］徐娜．服饰品设计与应用［M］．北京：中国纺织出版社，2022.

［26］张富云，吴玉娥．服饰品设计艺术［M］．北京：化学工业出版社，2012.

［27］郭丽，翟慧．服饰品创新设计［M］．北京：清华大学出版社，2012.

［28］谢琴．服饰配件设计与应用［M］．北京：中国纺织出版社，2019.

［29］曲媛，周露露，马唯．服装配饰艺术设计［M］．长春：吉林美术出版社，2015.

［30］梁晨．浅析服装设计中面料再造艺术的运用［J］．鞋类工艺与设计，2023，3（8）：28-30.

［31］平雷．传统服饰手工艺在现代服装设计中的应用［J］．皮革制作与环保科技，2023，4（3）：33-35.

［32］李耀文．现代科技对服装设计的影响探析［J］．轻纺工业与技术，2020，49（10）：89-90.

［33］张秋平，刘素琼．浅析科学技术对服装时尚的影响［J］．江苏纺织，2007（8）：57-59.

［34］蒋英子，张金梅．服装设计的创意思维和跨界意识［J］．轻纺工业与技术，2020，49（1）：60-61，90.

［35］张婧偲．艺术跨界对服装设计的影响［J］．轻纺工业与技术，

2021，50（2）：103-104.

［36］杨宇渊．浅析文艺复兴中的服饰特点对现代服装设计的影响［J］．北京印刷学院学报，2020，28（2）：71-73.

［37］孙云．文艺复兴时期服饰文化对现代服装设计的影响［J］．美术大观，2014（3）：107.

［38］刘晓萍．浅谈文艺复兴时期欧洲服饰文化对现代服装设计的影响［J］．艺术与设计（理论），2011，2（3）：240-242.

［39］胡浩淼．浅谈可持续理念在当代服装设计中的方法与应用［J］．新美域，2023（1）：107-109.

［40］张馨月，周宏蕊．可持续时尚：零浪费服装创意立体制版［J］．山西财经大学学报，2022，44（S2）：227-229.

［41］朱俊丽，宋肖．论跨界思维在当代服装设计领域的应用［J］．皮革制作与环保科技，2021，2（9）：8-9.

［42］龚芸．绘画艺术在服装设计中的应用研究［D］．桂林：桂林电子科技大学，2022.

［43］于洋．环保理念下非纺织材料在服装设计中的应用研究［D］．沈阳：鲁迅美术学院，2022.

［44］魏晓洁．浅析面料再造在服装设计中的应用［D］．天津：天津美术学院，2022.

［45］王卓然．充气技术在未来主义风格服饰设计中的应用研究［D］．沈阳：鲁迅美术学院，2022.

［46］刘俊廷．可持续视域下服装重组再利用设计探究［D］．沈阳：鲁迅美术学院，2022.

［47］尹繁．西方古典紧身胸衣启发下的现代女装结构设计实验［D］．南京：南京艺术学院，2022.

［48］邹俊茂．基于植物染技术的山水画元素在服装设计中的创新运用［D］．泉州：泉州师范学院，2022.

［49］贾鸿英．创意服装设计要素探究［D］．无锡：江南大学，2022.

［50］凌淑颖．“科幻主题”的面料与服装一体化设计研究与实践［D］．杭州：浙江理工大学，2022.